智能制造系列教材

可重用设计

REUSABLE DESIGN

张国军 程强 张健 编著

清华大学出版社

北京

图书在版编目（CIP）数据

可重用设计/张国军，程强，张健编著. —北京：清华大学出版社，2022.5
智能制造系列教材
ISBN 978-7-302-60732-8

Ⅰ. ①可…　Ⅱ. ①张…　②程…　③张…　Ⅲ. ①智能制造系统－设计－教材　Ⅳ. ①TH166

中国版本图书馆 CIP 数据核字（2022）第 074358 号

责任编辑：刘　杨
封面设计：李召霞
责任校对：王淑云
责任印制：杨　艳

出版发行：清华大学出版社
　　　　网　　　址：http://www.tup.com.cn，http://www.wqbook.com
　　　　地　　　址：北京清华大学学研大厦 A 座　　　　邮　　　编：100084
　　　　社 总 机：010-83470000　　　　　　　　　　邮　　　购：010-62786544
　　　　投稿与读者服务：010-62776969，c-service@tup.tsinghua.edu.cn
　　　　质量反馈：010-62772015，zhiliang@tup.tsinghua.edu.cn
印 装 者：三河市国英印务有限公司
经　　销：全国新华书店
开　　本：170mm×240mm　　印　张：7.25　　　　字　　数：142 千字
版　　次：2022 年 6 月第 1 版　　　　　　　　　印　　次：2022 年 6 月第 1 次印刷
定　　价：29.00 元

产品编号：089099-01

智能制造系列教材编审委员会

主任委员

      李培根   雒建斌

副主任委员

      吴玉厚   吴 波   赵海燕

编审委员会委员（按姓氏首字母排列）

陈雪峰	邓朝晖	董大伟	高 亮
葛文庆	巩亚东	胡继云	黄洪钟
刘德顺	刘志峰	罗学科	史金飞
唐水源	王成勇	轩福贞	尹周平
袁军堂	张 洁	张智海	赵德宏
郑清春	庄红权		

秘书

      刘 杨

多年前人们就感叹，人类已进入互联网时代；近些年人们又惊叹，社会步入物联网时代。牛津大学教授舍恩伯格（Viktor Mayer-Schönberger）心目中大数据时代最大的转变，就是放弃对因果关系的渴求，转而关注相关关系。人工智能则像一个幽灵徘徊在各个领域，兴奋、疑惑、不安等情绪分别蔓延在不同的业界人士中间。今天，5G 的出现使得作为整个社会神经系统的互联网和物联网更加敏捷，使得宛如社会血液的数据更富有生命力，自然也使得人工智能未来能在某些局部领域扮演超级脑力的作用。于是，人们惊呼数字经济的来临，憧憬智慧城市、智慧社会的到来，人们还想象着虚拟世界与现实世界、数字世界与物理世界的融合。这真是一个令人咋舌的时代！

但如果真以为未来经济就"数字"了，以为传统工业就"夕阳"了，那可以说我们就真正迷失在"数字"里了。人类的生命及其社会活动更多地依赖物质需求，除非未来人类生命形态真的变成"数字生命"了，不用说维系生命的食物之类的物质，就连"互联""数据""智能"等这些满足人类高级需求的功能也得依赖物理装备。所以，人类最基本的活动便是把物质变成有用的东西——制造！无论是互联网、物联网、大数据、人工智能，还是数字经济、数字社会，都应该落脚在制造上，而且制造是其应用的最大领域。

前些年，我国把智能制造作为制造强国战略的主攻方向，即便从世界上看，也是有先见之明的。在强国战略的推动下，少数推行智能制造的企业取得了明显效益，更多企业对智能制造的需求日盛。在这样的背景下，很多学校成立了智能制造等新专业（其中有教育部的推动作用）。尽管一窝蜂地开办智能制造专业未必是一个好现象，但智能制造的相关教材对于高等院校与制造关联的专业（如机械、材料、能源动力、工业工程、计算机、控制、管理……）都是刚性需求，只是侧重点不一。

教育部高等学校机械类专业教学指导委员会（以下简称"教指委"）不失时机地发起编著这套智能制造系列教材。在教指委的推动和清华大学出版社的组织下，系列教材编委会认真思考，在 2020 年新型冠状病毒肺炎疫情正盛之时即视频讨论，其后教材的编写和出版工作有序进行。

本系列教材的基本思想是为智能制造专业以及与制造相关的专业提供有关智能制造的学习教材，当然也可以作为企业相关的工程师和管理人员学习和培训之用。系列教材包括主干教材和模块单元教材,可满足智能制造相关专业的基础课和专业课的需求。

主干课程教材,即《智能制造概论》《智能装备基础》《工业互联网基础》《数据技术基础》《制造智能技术基础》,可以使学生或工程师对智能制造有基本的认识。其中,《智能制造概论》教材给读者一个智能制造的概貌,不仅概述智能制造系统的构成,而且还详细介绍智能制造的理念、意识和思维,有利于读者领悟智能制造的真谛。其他几本教材分别论及智能制造系统的"躯干""神经""血液""大脑"。对于智能制造专业的学生而言,应该尽可能必修主干课程。如此配置的主干课程教材应该是此系列教材的特点之一。

特点之二在于配合"微课程"而设计的模块单元教材。智能制造的知识体系极为庞杂,几乎所有的数字-智能技术和制造领域的新技术都和智能制造有关。不仅涉及人工智能、大数据、物联网、5G、VR/AR、机器人、增材制造(3D打印)等热门技术,而且像区块链、边缘计算、知识工程、数字孪生等前沿技术都有相应的模块单元介绍。这套系列教材中的模块单元差不多成了智能制造的知识百科。学校可以基于模块单元教材开出微课程(1学分),供学生选修。

特点之三在于模块单元教材可以根据各个学校或者专业的需要拼合成不同的课程教材,列举如下。

♯课程例 1——"智能产品开发"(3学分),内容选自模块:

➢ 优化设计

➢ 智能工艺设计

➢ 绿色设计

➢ 可重用设计

➢ 多领域物理建模

➢ 知识工程

➢ 群体智能

➢ 工业互联网平台(协同设计,用户体验……)

♯课程例 2——"服务制造"(3学分),内容选自模块:

➢ 传感与测量技术

➢ 工业物联网

➢ 移动通信

➢ 大数据基础

➢ 工业互联网平台

➢ 智能运维与健康管理

♯课程例 3——"智能车间与工厂"(3学分),内容选自模块:

➢ 智能工艺设计

➢ 智能装配工艺

➢ 传感与测量技术

➢ 智能数控

➢ 工业机器人

➢ 协作机器人

➢ 智能调度

➢ 制造执行系统(MES)

➢ 制造质量控制

总之,模块单元教材可以组成诸多可能的课程教材,还有如"机器人及智能制造应用""大批量定制生产"等。

此外,编委会还强调应突出知识的节点及其关联,这也是此系列教材的特点。关联不仅体现在某一课程的知识节点之间,也表现在不同课程的知识节点之间。这对于读者掌握知识要点且从整体联系上把握智能制造无疑是非常重要的。

此系列教材的编著者多为中青年教授,教材内容体现了他们对前沿技术的敏感和在一线的研发实践的经验。无论在与部分作者交流讨论的过程中,还是通过对部分文稿的浏览,笔者都感受到他们较好的理论功底和工程能力。感谢他们对这套系列教材的贡献。

衷心感谢机械教指委和清华大学出版社对此系列教材编写工作的组织和指导。感谢庄红权先生和张秋玲女士,他们卓越的组织能力、在教材出版方面的经验、对智能制造的敏锐是这套系列教材得以顺利出版的最重要因素。

希望这套教材在庞大的中国制造业推进智能制造的过程中能够发挥"系列"的作用!

2021 年 1 月

　　制造业是立国之本,是打造国家竞争能力和竞争优势的主要支撑,历来受到各国政府的高度重视。而新一代人工智能与先进制造深度融合形成的智能制造技术,正在成为新一轮工业革命的核心驱动力。为抢占国际竞争的制高点,在全球产业链和价值链中占据有利位置,世界各国纷纷将智能制造的发展上升为国家战略,全球新一轮工业升级和竞争就此拉开序幕。

　　近年来,美国、德国、日本等制造强国纷纷提出新的国家制造业发展计划。无论是美国的"工业互联网"、德国的"工业 4.0",还是日本的"智能制造系统",都是根据各自国情为本国工业制定的系统性规划。作为世界制造大国,我国也把智能制造作为制造强国战略的主改方向,于 2015 年提出了《中国制造 2025》,这是全面推进实施制造强国建设的引领性文件,也是中国建设制造强国的第一个十年行动纲领。推进建设制造强国,加快发展先进制造业,促进产业迈向全球价值链中高端,培育若干世界级先进制造业集群,已经成为全国上下的广泛共识。可以预见,随着智能制造在全球范围内的孕育兴起,全球产业分工格局将受到新的洗礼和重塑,中国制造业也将迎来千载难逢的历史性机遇。

　　无论是开拓智能制造领域的科技创新,还是推动智能制造产业的持续发展,都需要高素质人才作为保障,创新人才是支撑智能制造技术发展的第一资源。高等工程教育如何在这场技术变革乃至工业革命中履行新的使命和担当,为我国制造企业转型升级培养一大批高素质专门人才,是摆在我们面前的一项重大任务和课题。我们高兴地看到,我国智能制造工程人才培养日益受到高度重视,各高校都纷纷把智能制造工程教育作为制造工程乃至机械工程教育创新发展的突破口,全面更新教育教学观念,深化知识体系和教学内容改革,推动教学方法创新,我国智能制造工程教育正在步入一个新的发展时期。

　　当今世界正处于以数字化、网络化、智能化为主要特征的第四次工业革命的起点,正面临百年未有之大变局。工程教育需要适应科技、产业和社会快速发展的步伐,需要有新的思维、理解和变革。新一代智能技术的发展和全球产业分工合作的新变化,必将影响几乎所有学科领域的研究工作、技术解决方案和模式创新。人工智能与学科专业的深度融合、跨学科网络以及合作模式的扁平化,甚至可能会消除某些工程领域学科专业的划分。科学、技术、经济和社会文化的深度交融,使人们可以充分使用便捷的软件、工具、设备和系统,彻底改变或颠覆设计、制造、销售、服务和消费方式。因此,工程教育特别是机械工程教育应当更加具有前瞻性、创新性、开放性和多样性,应当更加注重与世界、社会和产业的联系,为服务我国新的"两步走"宏伟愿景作出更大贡献,为实现联合国可持续发展目标发挥关键性引领作用。

需要指出的是,关于智能制造工程人才培养模式和知识体系,社会和学界存在多种看法,许多高校都在进行积极探索,最终的共识将会在改革实践中逐步形成。我们认为,智能制造的主体是制造,赋能是靠智能,要借助数字化、网络化和智能化的力量,通过制造这一载体把物质转化成具有特定形态的产品(或服务),关键在于智能技术与制造技术的深度融合。正如李培根院士在本系列教材总序中所强调的,对于智能制造而言,"无论是互联网、物联网、大数据、人工智能,还是数字经济、数字社会,都应该落脚在制造上"。

经过前期大量的准备工作,经李培根院士倡议,教育部高等学校机械类专业教学指导委员会(以下简称"教指委")课程建设与师资培训工作组联合清华大学出版社,策划和组织了这套面向智能制造工程教育及其他相关领域人才培养的本科教材。由李培根院士和雒建斌院士为主任、部分教指委委员及主干教材主编为委员,组成了智能制造系列教材编审委员会,协同推进系列教材的编写。

考虑到智能制造技术的特点、学科专业特色以及不同类别高校的培养需求,本套教材开创性地构建了一个"柔性"培养框架:在顶层架构上,采用"主干课教材+专业模块教材"的方式,既强调了智能制造工程人才培养必须掌握的核心内容(以主干课教材的形式呈现),又给不同高校最大程度的灵活选用空间(不同模块教材可以组合);在内容安排上,注重培养学生有关智能制造的理念、能力和思维方式,不局限于技术细节的讲述和理论知识推导;在出版形式上,采用"纸质内容+数字内容"相融合的方式,"数字内容"通过纸质图书中镶嵌的二维码予以链接,扩充和强化同纸质图书中的内容呼应,给读者提供更多的知识和选择。同时,在教指委课程建设与师资培训工作组的指导下,开展了新工科研究与实践项目的具体实施,梳理了智能制造方向的知识体系和课程设计,作为整套系列教材规划设计的基础,供相关院校参考使用。

这套教材凝聚了李培根院士、雒建斌院士以及所有作者的心血和智慧,是我国智能制造工程本科教育知识体系的一次系统梳理和全面总结,我谨代表教育部机械类专业教学指导委员会向他们致以崇高的敬意!

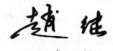

2021 年 3 月

信息技术和制造技术相融合,是过去几十年来先进制造技术最重要的特征之一。学术界和产业界一直致力于将信息技术应用于设计、生产、管理、服务等制造活动的各个环节,旨在提高制造业质量、效益和核心竞争力。在过去,由于缺乏足够的信息和案例,一度制约了制造业信息系统的成功应用和推广普及。然而,随着信息技术的普及,尤其是互联网技术的应用,另外一个问题随之而来。正如著名的未来学家约翰·奈斯比特(John Naisbitt)在其经典著作《大趋势》中所言"我们被信息淹没,却渴望知识。"如何从浩如烟海的信息中,获取有用的知识,以支持解决新的问题,是实现制造经验重用的关键。

在产品设计阶段,研发人员希望充分利用现代先进的科学信息技术,提升计算机模拟人的行为和思维进行自我深度学习的能力,以协助人类完成多样化、庞大的设计工作任务。在产品开发的数据、信息与知识的统一管理的基础上,充分地重复利用已有的、经过生产实践验证的产品设计信息、工艺信息与制造信息的可重用设计,无疑是缩短开发周期和提高产品质量,从而快速反应市场需求的重要手段。

可重用设计就是在工程需求与现有设计局限的背景下提出来的,它是指能够被重复利用的设计信息、设计规则和设计方法,以及利用这些信息、规则与方法解决新的设计问题的过程。

本书的编写团队在多年围绕可重用设计研究的基础上,参考了大量国内外相关文献,遵循教育部对于"智能制造系列教材"所倡导的编写精神,对可重用设计的相关知识进行了系统梳理,旨在教授学生可重用设计的基本知识,引导学生能够兼顾工程、环境等因素进行综合设计,培养学生建立具有跨学科智能制造系统思维和可持续发展观。

本书由华中科技大学张国军、北京工业大学程强以及汕头大学张健编著。其中:张国军负责第1章、第2章、第7章的编写,并完成整体规划与统稿;程强完成了第3章、第4章、第6章的编写;张健完成了第5章、第8章和第9章的编写。

由于编者水平有限,书中难免存在不足和错误,恳请广大读者批评指正。

作　者

2022 年 4 月

目 录
CONTENTS

第1章

可重用设计简介

在过去的几十年中,人类对科学知识的发现以及技术工具的掌握均得到了快速的发展。在这个大背景下,随着更加激烈的市场化、全球化产品竞争,制造业的环境与制造模式正在发生深刻的变化。面对日益增长的多样化、个性化市场需求,传统的大批量、同质化生产模式难以适应新的市场形势需要。如何有效重复利用已有产品中蕴含的知识来支撑新产品的快速开发,有效增强对市场需求的响应能力,已经成为企业能否在激烈的市场竞争中占得一席之地的重要标志[1]。

1.1 可重用设计概要

1.1.1 工程背景介绍

产品从提出需求到市场销售需要通过产品设计、工艺规划、制造加工等环节。这些环节不仅对产品的全生命周期性能与质量、工作可靠性、生产成本、资源环境友好性等诸多关键指标产生重要影响,也决定着制造企业对市场需求的响应速度、对多样化个性化需求的适应能力乃至制造企业的核心竞争力。

为了克服产品开发过程中的困难,研究人员与制造企业普遍认识到,产品开发过程中可以充分地利用经过生产实践考验的产品设计信息、工艺信息与制造信息,只需要对很少的一部分零件进行重新设计和制造,对绝大部分零部件仍使用以前的产品信息。实践表明,重复利用产品已有的设计与制造信息是十分有意义的。人们在产品信息重复利用的研究中,也探索和发展了各种方法,其中有代表性的包括:

(1) 参数化计算机辅助设计;

(2) 模块化设计;

(3) 基于特征的设计;

(4) 基于实例的工艺设计;

(5) 成组技术[2]。

尽管这些方法的重要性已经得到了企业的认可,并在产品设计阶段、工艺设计阶段和生产制造阶段均有不同程度的实施,但并没有完全达到预期的目的。主要有以下四点原因:

(1) 虽然参数化计算机辅助设计(CAD)可实现零部件拓扑结构相同或者相近的系列化产品设计,但对零部件拓扑结构变异(个性化、多样化)的产品,如何重复利用已有的零部件结构,并对其结构进行进化与变异映射,还有待于进一步研究。另外,参数化 CAD 系统通常只支持设计的详细阶段,取代图板以表达设计的最终结果,由于它丢失了大量的设计意图和设计过程信息,给产品设计信息的重用带来了困难。

(2) 模块化设计(包括产品设计与工艺设计)是建立在模块的定义和组织管理基础之上的,其对特定产品的模块划分不是随意的,而且两两模块之间的装配关系是预先确定的,也不能任意改变。这些因素大大限制了模块化设计的使用范围。目前,模块化设计主要适用于产品功能基本相同、品种较多的行业,如机床、汽车等。对于功能结构变动较大的产品或行业,现有模块化设计方法难以适用[3]。

(3) 基于特征与实例的产品与工艺设计存在许多问题:设计人员或工艺人员在设计时必须采用系统预定义的特征来设计产品;特征设计使概念设计、技术设计、工艺设计完全受制造方法的限制;特征设计用于变型设计时,一般和参数化设计方法结合,但特征间的交互作用对特征的影响和设计过程中特征的有效性的维护,都是这种变型设计方法的致命缺陷。另外,从根本上讲特征设计是零件级的设计,特征设计无法支持概念设计和自顶向下的设计方法,不支持产品设计的全过程。例如产品的装配工艺设计,需要设计者综合考虑整个产品的拓扑结构与各个零部件之间的装配关系,基于特征与实例的设计是难以实现这一点的。

(4) 企业对产品设计信息、工艺信息及设计规则缺乏统一的、有效的组织和管理。这里说的设计规则指的是显式的知识,如公式、定理等。而设计信息和工艺信息是隐式的知识,表现为设计结果,例如零件材料信息、图纸、工艺卡片等。有些方法,如专家系统,强调对设计规则的管理和利用,而缺乏对设计信息的利用。尽管可以通过知识学习的方式获取一定的规则,但是由于这些规则缺乏设计信息的支持变得晦涩难懂而难以利用。更重要的是,这些方法不能从已有的设计信息中获取知识[4]。

基于以上分析可以发现,现有各类设计方法对产品信息的重复利用仍不够深入系统,阻碍了产品设计制造的发展。因此,有必要系统探究重复利用设计信息(包括产品设计信息与工艺设计信息)和设计规则的机理,掌握知识重用合适的方法、策略和工具。

1.1.2　可重用设计定义

可重用设计是在工程需求与现有设计局限的背景下提出来的。可重用设计是指能够被重复利用的设计信息、设计规则和设计方法,以及利用这些信息、规则与方法解决新的设计问题的过程。

由于"方法"是对"解决问题过程"的抽象,这一概念本身即意味着方法的通用性和可重复利用性。因此,可重用设计主要指"设计信息"与"设计规则"的重复利用。设计信息和设计规则可以统称为设计知识,因此可重用设计在一定程度上也可以称为基于知识重用的设计。

可重用设计包括两层含义,一是指在未来的系统设计(广义的系统设计包括制造系统设计、产品设计、工艺设计等)中能够被重复利用的设计成果,如产品性能分析、产品结构、材料选择、加工方法等。可重用设计的这个含义,意味着设计者在设计过程中就要考虑自己的设计知识能够在将来被方便地重复利用。可重用设计的另一个含义则是指,在开发和设计新的系统时,对已有设计知识的重复利用过程。

可重用设计的两层含义,前者把它理解为一个名词,强调的是可被重复利用的设计知识;后者将它理解为动词,强调的是设计知识重复利用的方法与过程。这也恰恰反映了可重复设计研究的两个方面,即:

(1) 如何创造和评价可被重复利用的知识;

(2) 如何利用已有的设计知识进行新的系统设计。

在可重用设计定义中提到了三个概念,即设计信息、设计规则和设计方法。需要指出的是,这里给出的定义是出于本书阐述内容的需要,只限于在本书讨论的范围内使用。

设计信息:以信息化形式存在的设计结果,包括产品结构、零部件属性、工艺信息等,如零件材料信息、图纸、工艺卡片等。

设计规则:以输入条件、输出结果和推理过程三元形式表现的设计规则,如工程设计原理、工程设计规范等,包括公式、定理等。

设计方法:综合利用设计信息和设计规则以完成设计任务的过程。在实际设计任务求解中,可能没有现成的设计规则直接解决问题,但是可以将这些问题分解为可以用各种设计规则解决的子问题,然后通过子问题求解实现总问题求解。因此,设计方法由多个设计规则以及综合利用这些规则的过程组成。

对上面的定义可以这样理解,设计信息是设计规则的载体,是隐式的设计知识;而设计规则是设计信息中蕴含的知识的归纳和形式化描述,是显式的设计知识[4]。

1.1.3　可重用设计原理

为阐述可重用设计的基本原理,先给出以下定义:

问题空间:当前应解决和已解决的各种问题所构成,用集合 S_P 表示;

求解空间:针对问题空间中的各个问题所产生的可能解,用集合 S_S 表示;

求解策略:由问题空间发现求解空间,以及问题空间和求解空间之间相互转换所采取的方法和过程,用函数 R_D 表示。

设计问题求解的途径有两种。途径 1 如图 1-1 中虚线箭头表示,即执行求解策略 R_D,由当前问题空间 S_P 直接求出求解空间 S_S。途径 2 如图中实线箭头表示,根据问题空间 S_P,间接求出求解空间 S_S,即:(1)执行求解策略 R'_{D1},在当前问题空间中找出一个(或几个)已解决的问题空间 S'_P;(2)执行求解策略 R'_{D2},得到 S'_P 的求解空间 S'_S;(3)再通过一个求解策略 R'_{D3},由 S'_S 产生 S_S,即得到原始问题空间 S_P 的最终求解空间。

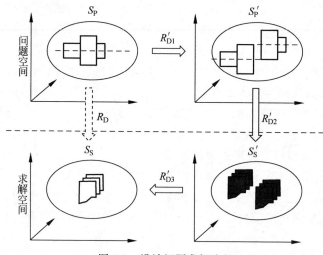

图 1-1　设计问题求解途径

途径 1 是利用设计规则直接求解,而途径 2 是利用已有的设计结果(设计信息)进行间接求解。利用途径 1 求解的典型设计方法是专家系统。专家系统是一种模拟人类专家解决领域问题的计算机程序系统,它应用人工智能技术和计算机技术,根据某领域一个或多个专家提供的知识和经验,进行推理和判断,模拟人类专家的决策过程,以便解决那些需要人类专家处理的复杂问题。利用途径 2 求解的典型设计方法是基于实例的设计方法。基于实例的设计方法是基于实例的推理方法在设计领域中的应用,其设计思想来源于人类的思维方式,面对一个新的设计要求,设计者的脑海中往往首先浮现出以往的工作中曾经出现过的类似的设计条件,找出两者之间的区别,并以此为依据联系标准的设计准则,确定新的设计方案。基于实例的设计试图利用计算机再现这一过程:设计系统根据用户对设计条件的描述抽象出实例特征并建立筛选条件;根据这一条件从实例库中选择与设计要求最接近的实例;对比两者之间的区别,调整选定实例中不能满足条件的因素,生成最终的设计方案并更新实例库[5]。

途径 1 和途径 2 的实质都是基于知识的重复利用,即新的产品创新包含对原有产品知识的重复利用。实际上,绝大部分产品创新是在吸收已有的产品设计、工艺与制造经验等产品知识的基础上完成的,体现了对已有知识的重复利用。研究表明,在设计、制造或工程领域,大多数新问题的产生来自于某些旧问题局部发生了变化或增加了新的内容,而这些旧问题往往已得到圆满解决。因此,可以认为设计过程实际上是对设计规则和设计知识重复利用的过程。可重用设计的原理就是建立在这一研究结果的基础之上的。

可重用设计原理可以表述为,产品设计是在设计信息、设计规则与设计方法统一组织与管理的基础上,综合利用知识处理方法和技术从而重复利用以前的设计成果,以实现快速的产品设计。同时,在此过程中,新的设计以便于重用为目标,按照知识表达和信息模型的要求对设计结果进行组织,并归入统一的知识库中进行管理。以石油生产行业为例,如进行井网密度设计,可以借鉴以前相关类型条件下的井网密度设计方案,通过在知识库中查阅以前相关成功案例中的成熟设计信息、设计规则和设计方法等设计知识,然后对多个设计方案进行评价,选出可重用程度高的设计方案,并对其进行适当修改,使其满足当前设计要求;如没有满足当前设计要求的方案,则进行创新设计,并将设计知识进行组织归入统一的知识库,方便以后的可重用设计。应用实践表明,采用可重用设计进行井网密度设计一般可以比原设计方法的设计效率提高 30%左右[6]。

可重用设计原理的基本出发点为,人们在解决一个实际问题时,总是习惯于首先从一般规律和规则出发,若没有相应的设计规则指导,则看看以前是否解决过类似的问题。由于产品设计的工作领域具有相对的稳定性,虽然设计中没有通用的设计模型,但有多年积累的经验规律。因为这些规律是人们长期生产实践中经验教训的总结,因而具有客观性,如一些设计公理。另外还有些是在多个学科的研究中经过证明的一些理论,如物理学公式、力学定理等。在面对设计问题时,我们必须利用这些经验规律和设计知识,否则就有可能导致失败的重复发生,造成不必要的损失。在没有规律和规则利用的情况下,就要考虑以前解决的相似的设计实例,通过对这些设计实例的重复利用来达到设计目的。因此,可以说可重用设计过程是规则推理和实例推理的综合应用[4]。

1.2　可重用设计的结构、原则与特点

1.2.1　可重用设计总体结构

可重用设计的总体结构如图 1-2 所示,在图的水平方向自左向右描述了可重用设计的过程。图中用矩形框来表示可重用设计的对象,椭圆形表示对这些对象的处理。指向处理框的箭头末端是输入对象,离开处理框的箭头则指向处理后的对象(输出结果)。一个处理可能会有一个或者多个输入,并且有一个或者多个输出。在结构图下边的矩形框是设计信息和设计规则集成的重用知识库。重用库在网络环境下实现设计规则与信息的共享。而在重用库内部,设计规则和产品模型

同时成为设计信息的索引。对企业已有的设计信息,则通过工程语义理解等方式来提取设计知识,并通过一定的表达方式存入知识库。

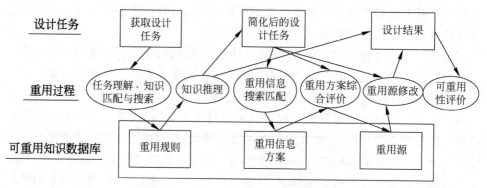

图 1-2　可重用设计的总体结构示意图

在可重用设计原理和可重用设计总体结构中,我们大致可以看出可重用设计的大致过程。但实际应用过程会更加复杂,主要表现在:

(1) 设计任务的理解和表达是整个重用设计的源头。

(2) 由于设计任务可能包含的内容较多,如果不对其进行分解,在设计规则搜索、设计信息搜索、重用方案评价等环节会使问题变得过于复杂。

(3) 重用设计过程是一个并行的过程,有些设计活动实际上是交替进行的[4]。

1.2.2　可重用设计基本原则

从可重用设计原理中可以总结出如下的设计原则:

(1) 可重用设计是建立在设计知识(包括设计信息、设计规则与设计方法)的集成管理的基础之上的。

(2) 设计任务可以通过专业知识规则进行简化,简化内容包括设计目标和设计约束,这是由于设计任务可能包含多个设计目标或多种设计约束,如果不对其进行简化,会使设计任务在之后的设计规则搜索、设计信息搜索和重用方案评价等环节变得过于复杂。

(3) 经过简化后产品设计首先是重用设计,然后才是创新设计。通过在可重用知识数据库中进行检索,重用设计就可以解决设计任务中的大部分要求,同时提高效率;针对重用设计无法满足的设计要求,需要进行创新设计,这通常只占产品设计任务的一小部分。

(4) 可重用设计首先是设计规则的共享与重复利用,其次才是设计信息共享与重复利用。设计规则指的是显式的知识,而设计信息是隐式的知识,在产品设计中,人们一般首先采用显性知识,其次才是隐性知识。

(5) 从知识的角度去理解设计实例包含的信息。设计实例在可重用知识数据库中,以设计信息、设计规则和设计方法的形式存储。从知识的角度理解设计实例,一方面有助于在数据库中快速准确地搜索到可重用度高的成熟案例,有利于新的产品设计任务的进行;另一方面有助于将设计好的新设计案例以规范的形式存储到数据库中。

(6) 设计结果以设计信息和设计规则两种方式进行存储,以方便未来的产品设计重复利用。

(7) 可重用设计是多种重用设计方法的综合应用[6]。

1.2.3　可重用设计的特点

通过分析总结,我们可以发现可重用设计与其他一些智能化设计方法相比存在如下两个特点。

1. 强调多种设计知识的综合利用

以前的工艺设计方法可以分为两类:一类是专家系统这样的解决专门工艺问题的工艺设计方法,其强调对设计规则的利用(知其然,知其所以然);另一类是成组技术、基于特征与实例的工艺设计,强调的是对设计信息(设计成果)的利用,这些方法并不关心工艺问题的解决到底依据了何种设计规则(知其然,不知其所以然)。然而,对于不同的工艺设计问题,有必要针对其复杂程度不同,采取不同的解决方法,以最大程度提高解决问题的效率。

2. 强调设计成果的可重用性

可重用工艺设计通过对设计任务的分解、设计成果管理等方式,将设计成果的可重复利用性变成为设计者一种自觉的行为。这对于建立可重用知识库具有重要的意义[4]。

1.3　可重用设计的基本过程

可重用设计包括产品可重用设计、工艺可重用设计和制造系统可重用设计。在下文中,将分别介绍产品可重用设计、工艺可重用设计和制造系统可重用设计的概念及其基本过程。

1.3.1　产品可重用设计的基本过程

产品可重用设计是指在产品概念设计、功能设计、结构设计等技术活动以及围绕该产品设计过程的各种管理活动中重用或者参考已有的过程控制、设计方法、设计经验等知识。从具体的内容上来说包含三方面的重用:在对一个新产品建立产品设计项目流程时,对已有的产品项目流程模型的重用;对已有 CAD 图纸、产品模型、专利、软件等显性知识的重用;对设计人员头脑中设计经验、思路、设计原理,以及产品设计对象中功能信息、行为信息的重用。产品可重用设计的基本过程包括以下阶段：

（1）确定设计需求：进行需求分析，明确设计需求；

（2）检索匹配设计方案：根据设计需求，以需求、功能、设计原理、结构特征等为索引，从知识库中匹配符合要求的知识进行重用，找到与满足需求的产品相似度最高的几个产品设计作为备选方案；

（3）方案分解与重用设计：通过对备选方案的参考，再结合实际情况制定出最终的设计方案；

（4）得到满足需求的设计方案[7]。

1.3.2　工艺可重用设计的基本过程

工艺可重用设计（reusable process planning，RPP）是指通过对工艺设计规则和已有工艺设计信息等知识重复利用的方式完成工艺设计，同时通过对工艺设计结果的有效管理达到设计知识的可重用性。

从工艺可重用设计的定义来看，工艺可重用设计包含两层含义。其一是在设计过程中对已有的工艺设计规则知识的利用，或者直接在原有的设计实例基础之上通过实例修改的方式完成工艺设计，当然也有可能是这两种方式的结合使用；可重用工艺设计的第二个含义是通过对工艺设计成果的有效组织和管理，并提供相应的索引和检索机制，达到工艺设计知识能够在将来的设计中重复利用的目的。

工艺可重用设计的这两个含义分别从"重用"和"被重用"两个方面表述了工艺可重用设计的基本思路。

可见，工艺可重用设计是可重用设计原理的一个应用。但是它又有其专业领域的特殊性。工艺可重用设计实际上是在可重用设计原理的基础上，将"创成式工艺设计"（专家系统）和"派生式工艺设计"（基于特征与实例的设计）相结合起来，尤其强调了对灰色知识（包括不确定性规则、工艺设计信息等）的重复利用。

工艺可重用设计基本过程如图1-3所示，可以分为5个主要阶段：

（1）产品设计信息获取阶段；

（2）产品设计的工艺合理性评价阶段；

（3）设计规则重用阶段；

（4）设计信息重用阶段；

（5）设计成果管理阶段。

产品设计信息是工艺设计的主要信息源之一，它提供了工艺设计的设计对象（产品或零部件）、设计任务（加工、装配、热处理等）、设计约束（公差尺寸、加工精度、表面质量等）。因此，在工艺设计任务模型中，设计信息和制造资源信息一起构成了工艺设计两大约束条件。在直接工程环境下，设计信息和工艺信息需要进行统一管理。在并行工程环境下，产品设计小组和工艺设计小组组成协同工作小组，共同完成产品的开发工作。为了避免在设计的后期因为工艺不合理而更改产品设计,协同工作小组中的工艺人员在设计过程中即对产品设计的工业合理性做出评价,并以此为依据给出更改建议[4]。

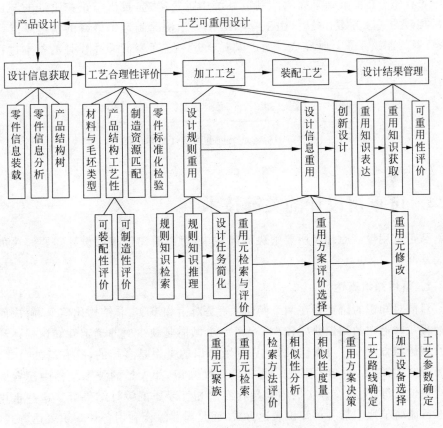

图 1-3　工艺可重用设计基本过程

1.3.3　制造系统可重用设计的基本过程

制造系统可重用设计不是设计一个全新的制造系统,而是在已有制造系统设计基础之上展开的,尽量利用已有的制造系统设计资源,其目的是实现经济、快速、高效的制造系统设计,以满足动态多变的市场需求这一关键性问题。否则,重新设计一个制造系统或者重新添置新设备,必然会延长制造时间或者导致极大的浪费。另外,当加工对象在零件族内变化时,其加工任务在很大程度上存在相似性,也就是说,加工对象发生变化后如果能将待加工零件与现有零件相同或相似的加工任务分配到同一工作站上,不但可以减少或避免重新设计制造系统,而且还能降低操作工人的工作时间和劳动强度。因此,考虑制造系统的可重用设计是很有必要的[8]。

制造系统可重用设计的基本过程:首先,制造商在与客户沟通后确定制造系统的要求,新制造系统的设计不是从头开始的,过去的布局和尚未实行的预先确定的布局,通常被用作新制造系统的基础;接下来,工程师根据客户的要求,在知识库中去检索;在检索结果提供的制造系统中进行筛选,找出与正在设计的制造系统最相似的一个方案;最后,由工程师结合实际情况制定出最终的制造系统设计方案,新的制造系统设计完成。通过以上分析,制造系统可重用设计的基本过程如图 1-4 所示[9]。

图 1-4　制造系统可重用设计基本过程

1.4　可重用设计的关键技术

从可重用设计原理及所要解决的问题中,可以看出可重用设计需要解决如下的关键问题。

1. 重用知识表达

目前对知识的研究存在两个倾向:一是对诸如事实、非结构化信息、解决问题的过程一些潜在的知识研究较少;另外一个倾向是缺少对非确定性知识描述和研究的理论与方法。在可重用设计中,重用知识的类型是多样的,既有诸如公式、原理等确定性知识;更多的则是一些非确定性知识,如大量的技术文档中蕴含的非结构化信息等,又如设计实例中大量存在的相互矛盾的设计结果等。这些重用知识不可能简单地用某一种知识表达方式,而是需要综合利用各种知识表达方式,针对知识的不同确定性程度和不同的存在形式采用最合适的表达方式。

2. 重用知识获取

人们对设计知识获取的研究比较注重"专家经验的信息化"和"知识学习"等方面,却忽视了从大量的历史数据中提取设计知识。在重用知识获取方面,主要的关键技术包括工程语义的提取、决策表的生成等方面。为了提高知识的可重用性,有必要研究从大量信息中提取一般规律的方法,即如何提高灰色知识的"白化"程度,降低不确定性。

3. 重用知识组织与管理

重用知识及其表达的多样性决定了重用知识组织和管理的复杂性。例如,在设计知识的组织方面,如何将设计知识的组织模型与产品模型相结合;对于重用知识的存储问题,数据库对模糊知识、不确定性知识的存储难以适应;再有,如何实现重用知识的高效索引与检索。因此,需要研究和开发用于知识管理的数据库,即"知识库"。然而遗憾的是,真正意义上的通用化的"知识库"尚处于早期研究阶段,离实用化还相去甚远。在这种情况下,有必要结合现有的数据库与信息管理的各种先进技术,如数据仓库技术、搜索引擎技术等,找到适用于重用知识管理的有效模式。

4. 重用实例评价

在重用设计过程中,设计者输入的检索条件不够精确(实际上,在多数情况下也不可能十分精确),往往导致会有多个实例被检索出,也有可能会有多个重用实例的组合(多个重用方案)供评价和选择。重用实例的评价往往是多目标的,如设计任务与重用实例之间的相似程度、重用设计达到的效果、重用代价等。同时,评价的依据又往往是一些不确定信息或者不完整的信息等。因此,必须将相似理论、模糊理论和灰色知识等相互结合,才能探索出重用实例评价的有效方法。

5. 可重用设计过程中的决策

针对不同的设计对象,可重用设计过程中有多项决策问题。例如,重用知识聚族的决策,产品设计的工艺合理性评价,可重用工艺设计中加工设备选择的决策,等等。

从上面的总结可以看出,可重用设计的一个关键在于对不确定性问题的处理,包括不确定性的知识表达、获取与管理,在条件不完备的情况下检索和评价重用实例,利用不确定性研究理论进行工艺决策等[4]。

参考文献

[1] GOLDMAN S,PREISS K. 21st century manufacturing enterprise strategy：an industry-led view[M]. PA Iacocca Institute,Lehigh University,1991.

[2] LAU H,JIANG B. A generic integrated system from CAD to CAPP：a neutral File-Cum-GT approach[J]. Computers industry engineering,1998,11(1/2)：67-75.

[3] 祁卓娅. 机械产品模块化设计方法研究[D]. 北京：机械科学研究总院,2006.

[4] 张国军. 基于灰色知识的可复用工艺设计理论及关键技术[D]. 武汉：华中科技大学,2002.

[5] 孙晓斌,杨海成,王佑君. 基于实例的设计方法研究[J]. 机械科学与技术,2000(2)：331-332.

[6] 陈庆陵,李伟,张国军. 基于知识重用的设计体系与应用[J]. 河南科技大学学报(自然科学版),2003(3)：60-63.

[7] 万立,侯添元,熊体凡. 面向重用的产品设计过程知识建模与检索[J]. 计算机工程与设计,2012,33(8)：3176-3183.

[8] 张青雷,郝文玲,段建国,等. 考虑系统重用和加工任务重现的制造系统布局重组规划[J]. 机械工程学报,2015,51(3)：170-181.

[9] EFTHYMIOU K,SIPSAS K,MOURTZIS D,et al. On knowledge reuse for manufacturing systems design and planning：a semantic technology approach[J]. CIRP Journal of Manufacturing Science and Technology,2015,8：1-11.

第 1 章部分
知识拓展

第 2 章

可重用设计知识的表示方法

可重用设计的主要问题是知识的复用,而知识复用的关键是知识的表达、获取和管理。要实现知识的可重用,知识的合理表示首当其冲。人工智能与计算机技术的结合产生了所谓"知识处理"的新课题,即要用计算机来模拟人脑的部分功能,以知识和智能解决各种问题,回答各种询问,或从已有的知识推演出新知识,等等。此时,计算机要处理的不仅仅是简单的数据和函数,而是表示在机器中的各种"知识"。为了对知识进行处理,首先遇到的也就是如何表示知识的问题。即研究如何把人类自己的知识逻辑地表示出来,并最终物理地表示和存储到计算机中去。它与数的表示在数据处理中的重要作用一样,是知识处理学中最基本的问题之一。

2.1 知识表示方法简介

2.1.1 产生式表示法

一般地,一个产生式系统由全局数据、产生式规则、控制策略三部分构成。产生式规则的一般形式是:

$$如果 P_1 和 P_2 和 \cdots\cdots 那么 Q$$

其中 P 是产生式的前提,用于指出产生式是否可用的条件;Q 是一种结论,表示如果前提 P 被满足,则可推出结论 Q[1]。

2.1.2 框架式表示法

框架一般可以用嵌套的连接表表示,它具有如下形式:

$$f_i(s_{ij}(c_{ijk}(v)))$$

其中 v 是第 i 个框架 f_i 中第 j 个槽 s_{ij} 中第 k 个侧面 c_{ijk} 的取值集合[1]。

2.1.3 语义网络表示法

语义网络模式由节点和弧组成。其中:节点表示各种事物、概念、情况、属性、动作、状态等；弧表示各种语义联系，表明所连接节点间的某种语义联系。语义网络不仅包括由语义网络构成的知识库，也包括用于求解问题的解释程序。语义网络可以表示事实性的知识，也可以表示事实性知识间的复杂联系[2]。

2.2　本体表示法

2.2.1　本体

本体是概念模型的明确的规范化说明，本体的形式化定义为一个五元组$\{C, R, H^R, Rel, A\}$，其中 C 为本体中概念的集合，R 为关系的集合，H^R 表示概念间的层次关系，Rel 表示概念间的非层次关系，A 为公理[3]。

2.2.2　本体构建

1．本体构建准则

本体构建的五条准则如下：

（1）明确性和客观性：即本体应该用自然语言对所定义术语给出明确的、客观的语义定义。

（2）完全性：即所给出的定义是完整的，完全能表达所描述术语的含义。

（3）一致性：即由术语得出的推论与术语本身的含义是相容的，不会产生矛盾。

（4）最大单调可扩展性：即向本体中添加通用或专用的术语时，不需要修改其已有的内容。

（5）最小承诺：即对待建模对象给出尽可能少的约束[4]。

2．本体构建方法

骨架法清晰地描述了本体开发的基本流程和指导方针，对于当前本体开发实践具有重要的指导意义，存在的问题在于没有明确提出本体的演进。具体内容包括四个方面：①确定本体的引用目的和范围；②构建本体；③本体的评价；④本体成文，避免知识共享障碍。流程如图 2-1 所示[5]。

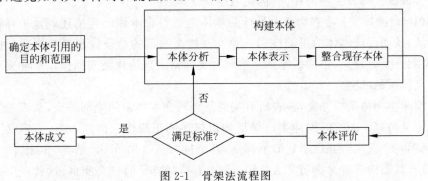

图 2-1　骨架法流程图

2.2.3　本体映射

本体映射基于信息获取技术,使用词汇术语搜索引擎将名称、标签、注释、限制属性等概念内涵,以及继承关系、主次关系、等同关系等结构特征进行综合考虑,实现了不同本体间概念的映射[6]。

本体映射步骤为:步骤 1,特征提取。在本体中对概念名称、属性名称、概念实例等用于映射操作的各种特征的提取,一般在预处理组件中完成。步骤 2,选取用于映射的概念对。在源本体和目标本体中分别选择概念进行映射的准备,一般在映射发现组件中实现。步骤 3,计算选取的概念对特征的相似度。所选取概念之间的相似度计算是本体映射系统的核心步骤,一般是由匹配器组件中的各种匹配器来完成。步骤 4,整合相似度。衡量实体间的相似度往往会使用多种不同的策略方法,从而产生多种相似度结果,要综合考虑每个相似度,从而得到一个合理的综合相似度,该操作一般在映射表示组件中完成。步骤 5,优化。完成上一步操作后,已经获得待映射的每个实体之间的最初相似度,此时可以利用资源组件中的领域相关知识或者是运用启发式知识对结果进行调节,例如利用概念的结构之间的约束关系,若两个概念的子概念相似,则它们也可能相似。步骤 6,迭代。反复进行步骤 1 至步骤 5,直到得到满意结果[6]。

2.2.4　本体推理

1. 描述逻辑

描述逻辑是一阶谓语逻辑的一个可判定子集,是一种基于对象的知识表示的形式化。它以结构化的方法来形式化的描述应用领域的知识,具有良好的建模和推理特性。

描述逻辑的基本构件有概念和关系。概念解释为对象的集合,关系解释为对象之间的二元关系。

2. 推理服务

推理服务可分为检测冲突、优化表达。

(1) 检测冲突:检查构建者设计的本体是否符合本体语言描述或是否存在逻辑矛盾,从而保证本体的正确性和一致性。检测的目的是设计和维护高质量的本体,得到一个有意义、正确的本体。检测冲突通常表现为检测实例体系的冲突和检测定义体系的冲突。

检测实例体系的冲突,检查所有实例是否符合本体中的全部约束,从而检测出概念定义与概念断言间的冲突以保证知识描述的正确性。例如,本体中定义了类"车床"和类"铣床",并声明它们不相交,且个体"CA6140 车床"是类"车床"的一个实例,若其他构建者又声明"CA6140 车床"是类"铣床"的一个实例,这就产生了实例体系的不一致情况。

检测定义体系的冲突,即判断是否至少存在一个实例属于本体中定义的一个类,如果不存在这样的实例,则声明这个类的实例将会造成该本体的不一致。

(2) 优化表达:通过整合已定义的类、关系和实例来优化本体的结构关系,从而得到一个具有最小冗余且完全的类层次关系的本体。在实际应用中构建领域本体时,关于类、实例、属性的限制和约束有时候非常复杂,难免会形成一定程度上的冗余或者类层次关系不完全。一般来说,优化表达通常表现为实例归类、分类、简化本体表达[7]。

2.3　基于三表的知识表达方式

2.3.1　信息表

信息表(information table,IT)是粗集理论中用来表示和处理知识的主要方法。知识是通过指定对象的属性(特征)和它们的属性值(特征值)来描述的。一般地,一个信息表知识表达系统 S 可以表示为

$$S = \langle U, A \rangle \tag{2-1}$$

其中: U 是一个非空、有穷、被称为全域个体的集合,称为论域; A 是非空、有穷的属性集合。

为了直观方便, U 也可以写成一个表,纵向表示实例标记,横向表示实例属性,实例标记与属性的交会点就是这个实例在这个属性的值。这个表称为信息表,是表达知识的数据表格。信息表实例如表 2-1 所示。

表 2-1　信息表实例

样本集	模数 $M(R_1)$	齿数 $Z(R_2)$	齿宽 $B(R_3)$	精度(R_4)	材料(R_5)	批量(R_6)
P_1	6	76	65	十级	铸铁	中批(500)
P_2	5	32	40	八级	45#	中批(500)
P_3	5	32	40	八级	45#	单件
P_4	3	22	16	七级	40Cr	中批(500)

例如,在上表中,设 B 表示属性“模数 M”所构成的一个等效关系,该论域被分为三个等效类:$\{P_1\}$,$\{P_2,P_3\}$,$\{P_4\}$。其中 P_2,P_3 在同一个等效类中[1]。

2.3.2　决策表

决策表(decision-making table)是一类特殊而重要的知识表达系统,也是一种特殊的信息表,它表示当满足某些条件时,决策(行为、操作、控制)应当如何进行。决策表实例如表 2-2 所示。

表 2-2 决策表实例

样本集（齿轮）	条件属性						决策（加工方法）
	模数 $M(R_1)$	齿数 $Z(R_2)$	齿宽 $B(R_3)$	精度(R_4)	材料(R_5)	批量(R_6)	
P_1	6	76	65	十级	铸铁	中批	铣齿
P_2	5	32	40	八级	$45^{\#}$	中批	插齿
P_3	5	32	40	八级	$45^{\#}$	单件	滚齿
P_4	3	22	16	七级	40Cr	中批	铣齿

一个决策表是一个信息表知识表达系统，表达式为

$$S = \langle U, R, V, f \rangle \tag{2-2}$$

其中：$R = C \cup D$ 是属性集合，子集 C 和 D 分别称为条件属性集和结果属性集，$D = \varnothing$；$V = \bigcup_{\alpha \in A} V_\alpha$ 是属性值的集合，V_α 表示属性 $\alpha \in A$ 的属性值范围，即属性 α 的值域；$f: U \times R \to V$ 是一个信息函数。

2.3.3 控制表

决策表记录了属性的关联关系。它们分别对应于广义知识的"信息"与"信息关联（规则）"。这里提出一个"控制表"的概念，用以表达调用设计信息及规则的过程。如图 2-2 所示。

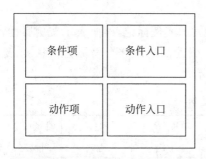

图 2-2 控制表示意图

一个控制表（control table，CT）可以用一个四元组表示，即

$$CT = \langle C, CE, A, AE \rangle \tag{2-3}$$

其中：C 表示条件项；CE 表示条件入口；A 表示动作项；AE 表示动作入口。

在控制表中，条件项在左上角，它由信息表的属性和属性值组成；条件入口则是每个（类）样本满足条件的情况，是一个布尔矩阵；左下角是动作项，它是决策结果；右下角则是动作入口，反映动作发生的先后顺序。

用控制表表达工艺过程知识的实例如表 2-3 所示。

表 2-3 控制表实例

条件项	条件入口			
	1	2	3	4
$\varepsilon \geqslant \nabla$	T	F	F	F
$t < \varepsilon < \nabla$	F	T	F	F
$-t \leqslant \varepsilon \leqslant t$	F	F	T	F
$\varepsilon < -t$	F	F	F	T

续表

动作项	动作入口			
粗加工	1			
精加工		1		
测量	2	2		
归入成品箱			1	
归入废品箱				1
调用本控制表其他动作				
调用其他控制表				
调用本控制表	3	3		
返回到上级控制表				
停止动作			2	2

以零件加工的动作为例来说明控制表的使用方法。假设零件最终的尺寸为 ϕD，公差要求为 $\pm t$，毛坯或者零件中间状态测量的尺寸为 $\phi D'$。我们可将零件加工工艺简化为：

(1) 测量零件(毛坯)的尺寸 $\phi D'$，计算该尺寸与 ϕD 的差值 ε；

(2) 如果 $\varepsilon \geqslant \nabla$，则采用粗加工(较大的进给量)；

(3) 如果 $t < \varepsilon < \nabla$，则采用精加工(较小的进给量)；

(4) 如果 $-t \leqslant \varepsilon \leqslant t$，退出加工；

(5) 如果 $\varepsilon < -t$，将零件归入废品箱[1]。

2.4　基于三表的工艺设计知识表示实例

2.4.1　产品信息的获取

产品设计信息主要包括：

(1) 产品总体信息，主要包括产品的名称、型号等产品的一些基本属性。

(2) 产品装配信息(产品结构关系信息)，是指产品各组成零件之间的层次结构信息，也即父子关系信息。如零件的数量、装配方式、相关的工艺信息等。

(3) 零件结构信息(零件特征信息)，主要指零件由哪些特征要素组成，如某一零件有圆柱、孔、键槽、退刀槽、圆角等特征，各个特征之间有什么样的位置关系。

(4) 零件属性信息，包括零件的名称、代号、文件类型、版本、图纸画幅、比例、设计者、设计日期、材料、是否属于标准件等用来描述零件自身属性的信息。

(5) 从上述这些信息中提取的工艺特征，如装配关系、零件加工要求(精度、表面质量等)。

2.4.2　工艺信息表与工艺决策表的生成

工艺设计信息中,最主要的信息是工艺规程信息。工艺规程信息包含了工艺路线、设备选择、工艺参数确定、工时定额等重要工艺知识,分别以工序、工步等形式表现。对工艺规程信息的获取,主要是将工艺规程文件转化为信息表。例如,表 2-4 所示的工序信息表。

表 2-4　工序信息表

样本集	工序名称	工序内容	车间	机床设备	工具	工时
…	…	…	…	…	…	…

工艺决策表的产生方式有两种。一个产生方式是通过将多个信息表(包括产品设计信息、工艺信息表)进行组合而获得,组合的方法是将同一样本集在多个信息表的属性进行合并。如将零件总体特征表、加工要求表和工序表进行合并可以得到如表 2-5 所示的工艺决策表。

另外一个产生的方式是通过对工程语义的提取、分析、归纳和表达。工程语言中包含的工艺设计决策知识体现在多方面。

表 2-5　信息表组合获得决策表

样本集	条件属性					结果属性		
	零件特征信息表			加工要求信息表		工序信息表		
	材料	尺寸	…	精度	粗糙度	…	设备	刀具	…
…	…	…	…	…	…	…	…	…	…

2.4.3　基于决策表的工艺设计规则的获取

1. 基本概念

从决策表中归纳出普遍性规律,提取出相应的设计规则,具有重要意义。本节给出了规则的定义与表达形式,公式的定义为:

(1) 公式 a_v,表示 a 的取值为 v。

(2) 公式 $A \rightarrow B$ 的逻辑含义称为规则,表达一种因果关系,其中 A 表示条件属性,B 表示结果属性。

2. 分化

前面已经介绍过,一个决策表知识表达系统 S 可以表示为

$$S = \langle U, R, V, f \rangle$$

对于 $A_i \subset U(i \leqslant p), A_i \cap A_j = \varnothing (j \neq i, j \leqslant p), \bigcup_{i=1}^{P} A_i = U, 记 A = \{A_i, i \leqslant p\}$。

此时$\{A_1,A_2,\cdots,A_p\}$称为 U 的一个分划。

3. 基于分化的规则提取方法及实例

下面讨论通过分划从决策表中提取规则的方法。假定第 j 个条件 c_j 的值域 $y_j=\{y_j^1,y_j^2,\cdots,y_j^m\}$，

$$A_j^{y_j^m}=\{x_i;\ c_j(x_i)=y_j^m\} \tag{2-4}$$

则 $A_j=\{A_j^{y_j^1},A_j^{y_j^2},\cdots,A_j^{y_j^m}\}$ 为 U 的一个分划。这种分划的实际上是把决策表中某条件属性的属性值相同的样本归类放在一起。

4. 联合划分

假定第 j 个条件 c_j 的值域 $y_j=\{y_j^1,y_j^2,\cdots\}$，第 k 个条件 c_k 的值域 $y_l=\{y_k^1,y_l^2,\cdots\}$，则可以得到 U 的一个分划：

$$A_{jk}^{y_j^m y_k^n}=\{x_i;\ c_j(x_i)=y_j^m,c_k(x_i)=y_k^n\} \tag{2-5}$$

称 $A_{jk}=\{A_{jk}^{y_j^1 y_k^1},A_{jk}^{y_j^1 y_k^2},A_{jk}^{y_j^2 y_k^1},\cdots,A_{jk}^{y_j^m y_k^n}\}$ 为 U 上的关于条件 j 和 k 的联合分划，在不混淆的情况下，简称联合分划。

同样，我们对决策表中每一个结果属性，按照其属性值进行分划。假定第 l 个结果属性 d_l 的值域 $v_l=\{v_l^1,v_l^2,\cdots,v_l^m\}$，

$$B_l^{v_l^i}=\{x_i;\ d_l(x_i)=v_l^i\} \tag{2-6}$$

则 $B_l=\{B_l^{v_l^1},B_l^{v_l^2},\cdots,B_l^{v_l^i}\}$ 为 U 关于结果属性 l 的分划。

5. 从决策表中提取设计规则实例

我们以轴类零件外圆加工参数选择为例来说明从决策表中获取工艺设计规则。假设加工参数选择的有四个条件属性。为了简化起见，条件属性和结果属性的值用代码 $1,2,3,\cdots$ 表示，针对各个属性，这些代码的含义不同，如对于零件材料，其含义为$\{45^{\#},45\mathrm{Cr},铸铁\}$；也有可能分别代表一个取值区间，如零件外圆直径的值域为$\{[20,40],[40,60],[60,80]\}$。我们从已有工艺规程文件的工序内容中提取了如表 2-6 所示的决策表。按照下面的步骤提取工艺参数设计的规则。

表 2-6　工艺参数选择决策表

样本集	条件属性 C				结果属性 D			
	材料 c_1	直径 c_2	精度 c_3	表面质量 c_4	圆周速度 d_1	刀具 d_2	进刀次数 d_3	切削液 d_4
x_1	1	1	1	1	1	1	1	1
x_2	1	2	2	1	2	1	1	2
x_3	1	1	1	1	1	1	1	3
x_4	1	2	2	2	2	1	1	4
x_5	2	2	1	1	3	2	1	5
x_6	2	2	1	1	3	2	1	5

样本集	条件属性 C				结果属性 D			
	材料 c_1	直径 c_2	精度 c_3	表面质量 c_4	圆周速度 d_1	刀具 d_2	进刀次数 d_3	切削液 d_4
x_7	3	3	3	2	4	2	2	5
x_8	3	3	3	2	4	2	2	5

(1) 条件属性空间 $C=\{c_1,c_2,c_3,c_4\}$。属性 c_1 为材料,其值域为 $\{1,2,3\}$,按照该属性可以将样本集合分划为

$$A_1^1=\{x_i;\ c_1(x_i)=1\}=\{x_1,x_2,x_3,x_4\} \tag{2-7}$$

依次求的 A_1^2,A_1^3,因此:

$$A_1=\{A_1^1,A_1^2,A_1^3\}=\{\{x_1,x_2,x_3,x_4\},\{x_5,x_6\},\{x_7x_8\}\} \tag{2-8}$$

同理可得:

$$A_2=\{A_2^1,A_2^2,A_2^3\}=\{\{x_1,x_3\},\{x_2,x_4,x_5,x_6\},\{x_7,x_8\}\} \tag{2-9}$$

$$A_3=\{A_3^1,A_3^2,A_3^3\}=\{\{x_1,x_3,x_5,x_6\},\{x_2,x_4\},\{x_7,x_8\}\} \tag{2-10}$$

$$A_4=\{A_4^1,A_4^2\}=\{\{x_1,x_2,x_3,x_4,x_5,x_6\},\{x_7,x_8\}\} \tag{2-11}$$

(2) 同样,可以根据结果属性的值域将样本集进行分划。

$$B_1=\{B_1^1,B_1^2,B_1^3,B_1^4\}=\{\{x_1,x_3\},\{x_2,x_4\},\{x_5,x_6\},\{x_7,x_8\}\} \tag{2-12}$$

$$B_2=\{B_2^1,B_2^2\}=\{\{x_1,x_2,x_3,x_4\},\{x_5,x_6,x_7,x_8\}\} \tag{2-13}$$

$$B_3=\{B_3^1,B_3^2\}=\{\{x_1,x_2,x_3,x_4,x_5,x_6\},\{x_7,x_8\}\} \tag{2-14}$$

$$B_4=\{B_4^1,B_4^2,B_4^3,B_4^4,B_4^5\}=\{\{x_1\},\{x_2\},\{x_3\},\{x_4\},\{x_5,x_6,x_7,x_8\}\} \tag{2-15}$$

(3) 比较 A_i 和 B_j。可知 $A_4^1=B_3^1,A_4^2=B_3^2$,于是得到如下的设计规则:

$$(c_4=1)\rightarrow(d_3=1) \tag{2-16}$$

$$(c_4=2)\rightarrow(d_3=2) \tag{2-17}$$

上面的设计规则实际上反映了走刀次数与表面质量之间的关系。

(4) 对样本集 U 按照条件属性进行联合分划,以属性 c_1 和 c_2 为例,通过样本分析可以得到其联合条件的值域 $y_{12}=\{(1,1),(1,2),(2,2),(3,3)\}$,因此可以将 U 分划为

$$A_{12}^{11}=\{x_i;\quad c_1(x_i)=1,c_2(x_i)=1\}=\{x_1,x_3\} \tag{2-18}$$

$$A_{12}^{12}=\{x_i;\ c_1(x_i)=1,\quad c_2(x_i)=2\}=\{x_2,x_4\} \tag{2-19}$$

$$A_{12}^{22}=\{x_i;\ c_1(x_i)=2,\quad c_2(x_i)=2\}=\{x_5,x_6\} \tag{2-20}$$

$$A_{12}^{33}=\{x_i;\ c_1(x_i)=3,\quad c_2(x_i)=3\}=\{x_7,x_8\} \tag{2-21}$$

于是得到:

$$A_{12}=\{A_{12}^{11},A_{12}^{12},A_{12}^{22},A_{12}^{33}\}=\{\{x_1,x_3\},\{x_2,x_4\},\{x_5,x_6\},\{x_7,x_8\}\} \tag{2-22}$$

比较得到:

$$A_{12} = B_1 \tag{2-23}$$

其中，$A_{12}^{11} = B_1^1$，$A_{12}^{12} = B_1^2$，$A_{12}^{22} = B_1^3$，$A_{12}^{33} = B_1^4$。

于是得到如下的设计规则：

$$(c_1 = 1, c_2 = 1) \rightarrow (d_1 = 1) \tag{2-24}$$

$$(c_1 = 1, c_2 = 2) \rightarrow (d_1 = 2) \tag{2-25}$$

$$(c_1 = 2, c_2 = 2) \rightarrow (d_1 = 3) \tag{2-26}$$

$$(c_1 = 3, c_2 = 3) \rightarrow (d_1 = 4) \tag{2-27}$$

上面的设计规则实际上反映了零件的材料与直径对加工时工件圆周速度的影响。

参考文献

[1] 张国军.基于灰色知识的可复用工艺设计理论及关键技术[D].武汉：华中科技大学,2002.

[2] 梁柱,曾绍玮.知识表示技术研究[J].科学咨询(决策管理),2010(1)：52.

[3] 马旭明,王海荣.本体构建方法与应用[J].信息与电脑(理论版),2018(5)：33-35,38.

[4] 邓志鸿,唐世渭,张铭,等.Ontology研究综述[J].北京大学学报(自然科学版),2002(5)：730-738.

[5] 岳丽欣,刘文云.国内外领域本体构建方法的比较研究[J].情报理论与实践,2016,39(8)：119-125.

[6] 王顺,康达周,江东宇.本体映射综述[J].计算机科学,2017,44(9)：1-10.

[7] 施文洁.基于本体推理的人物关系一致性检测方法研究[D].福州：福州大学,2018.

第3章

可重用设计知识的获取方法

什么是知识获取？其实，作为纯技术的概念，知识获取在计算机人工智能领域由来已久。知识获取是指知识从外部知识源到计算机内部的转换过程。就是如何将一些问题求解的知识从专家的头脑中和其他知识源中提取出来，并按照一种合适的知识表示方法将它们转移到计算机中。而在可重用设计过程中，知识获取就是要将未经组织的文档、数据等（显性知识）和存在于人脑的专家技能（隐性知识）转化为可复用、可检索形式的知识。

3.1 显性知识的获取方法

3.1.1 显性知识的特点

显性知识（explicit knowledge）是指可以用正式、系统化的语言传播的知识。它存储于各种类型的载体上，编码在手册、程序和规则中。从知识的特征来看，显性知识是客观的、可记录传播的，因而也是易于学习的。

从上面的定义可以看出显性知识的特点：

（1）可保存性。隐性知识的载体是人和组织。这种载体无法保存，只存在于人的大脑和隐含组织之中。显性知识的载体是实物，因此它能够长期收集、保存，为员工学习所用。显性知识可以保存在书本、磁盘、光盘和计算机数据库中。

（2）可处理性。由于显性知识的载体是实物，并可以保存，因此，人们完全可以对其加工处理，包括外表特征的处理和内容的处理。对文献进行分类、标引、编目，编写摘要和综述，构建数据库等属于加工处理的范畴。

（3）可共享性。绝大部分显性知识，如图书、报刊、广播电视、磁盘、光盘、计算机网络上的知识是可以为全社会共享的。少部分显性知识，如组织中的规划、策略、计划、专有计划、商业机密等文件，由于受到保密的限制，无法在社会上共享，但可以在组织内部或一定范围内共享[1]。

3.1.2　显性工程设计知识的数据资源

1. 显性工程设计知识资源概述

设计资源是指已有产品零件的几何数据、设计知识以及方法等一切相关内容的集合。可重用设计资源是指在产品开发过程中能够多次重用的设计资源。广义的可重用设计资源是指所有的可重用的设计信息的集合，更加侧重于工程数据的可重用性、对数据进行良好的组织和管理。本书所关注的可重用设计资源主要是指各种 CAD 工具所产生的电子模型数据，包括特征、零件、部件、产品。

2. 显性工程设计知识资源的组成

本书所研究的可重用设计资源主要是指狭义的设计资源，主要包括：特征资源、零件资源、外购件资源、标准件资源、部件资源、产成品资源。如图 3-1 所示。

（1）标准件资源：标准件资源是国家或者国际通用的一些零件的集合，如常用的轴承、螺母等。

（2）外购件资源：外购件是指产品的设计过程中需要，但是不需要企业自己设计制造的一类零部件，企业可以直接从合作企业购买而得到。

（3）特征资源：在实体建模中，构成实体模型的基本元素就是特征，它不仅仅描述了信息的集合，而且有关产品的功能也有体现。由于特征从本质上来讲也属于参数化的实体，其大小也能够随尺寸而进行改变，因此，利用有限的特征进行组合从而生成大量种类多样的零件实体模型，结合 CAD 中的参数化功能就能实现零部件的通用化、系列化。

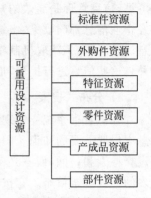

图 3-1　设计资源组成

（4）零件资源：零件是组成机械的基本单元，同时也是制造过程的基本单元。通过对企业零件进行相似分析，对相似的零件抽取共同的特征进行建模，进行新零件设计时可以直接进行借鉴。

（5）部件资源库：将产品根据功能进行划分，可以划分为多个功能模块，每个功能模块对应的部分就是一个部件，它是产品组成的重要组成单元，在产品开发的过程中，可以通过对通用相似的部件进行模块化建模，进而提高产品开发设计的效率。

（6）产成品资源：根据企业产品特点结合用户需求将企业产品划分为一组组相似的部分。通常情况下不需做修改，直接重用产品就能实现用户需求[2]。

3. 显性工程设计知识资源的层次

本书所研究的可重用设计资源主要是 CAD 产生的模型，可以将设计资源的重用性分为四个层次，具体如表 3-1 所示。

表 3-1　设计重用的层次[2]

重用层次	作　用
特征层	借助有限的特征构建无限的零件实体模型
零件层	充分利用零件相似性,减少重复建模次数
部件层	通过功能模块划分,在设计开发过程中进行模块化设计
产成品层	利用配置设计和参数化设计技术快速建模,提高效率

3.1.3　显性知识的获取机制

一种显性知识是存在于团体内部的结构化的信息资源。信息管理只是将各种各样的信息以一定的方式汇总、组织起来,方便人们利用计算机来查询和检索,而知识获取是要由信息产生知识,通过对信息的提取、识别、分析和归纳来获得知识。可见,信息管理是高效的知识获取的基础。另一种显性知识是存在于企业之外,未经企业信息部门收集、组织和整理的大量信息,如各种文献资料、网络上的各种信息。这时,知识获取机制将针对待解决的问题寻找和识别与之相关的关键性信息,并将这些信息进行提取,形成对某一问题的专门知识作为决策的依据。

1. 分布式搜索

知识管理系统要实现对显性知识的获取首先要实现信息的搜集,然后再从信息中提取需要的知识。因此,企业知识管理系统需要一种搜索引擎,它能跨越信息进行检索和访问,而不必考虑信息来自何种资源。分布式搜索是近年来研究比较多的一种搜索策略。它按区域、主题或其他标准创建分布式索引服务器,索引服务器之间可以交换中间信息,且查询可以被重新定向。如果一个检索服务器没有满足查询请求的信息,它可以将查询请求发送到具有相应信息的检索服务器。分布式搜索引擎将索引数据库划分到几个分布或者异构的数据库中,每个数据库都可以较小。而所有搜索引擎具有分布式系统的可扩充性,其覆盖的范围变大,并且很少有信息重复。

2. 智能代理

智能代理是人工智能领域发展起来的一个概念,它指具有感知能力、问题求解能力和与外界进行通信能力的一个实体。智能代理是协作系统中的独立行为实体,它能根据内部知识和外部激励来决定和控制自己的行为。从外部特征看,智能代理具有独立性、自主性、交互性。智能代理更具有代理性和主动性,引导、代替用户访问资源,是用户获得资源的中介。在知识挖掘系统中,智能代理根据外部环境建立庞大的个性化内部知识库,接受用户请求,返回结果集。智能代理在个性化、数据挖掘、搜索、知识的维护和更新方面都有重要的应用。

3. 数据挖掘

数据挖掘作为知识挖掘(knowledge discovery from data,KDD)的关键步骤,

也是知识挖掘的难点。数据挖掘技术不仅是面向特定数据库的简单检索、查询和调用,而且要对这些数据进行微观、中观乃至宏观的统计、分析、综合和推理,以指导实际问题的求解,进而发现事件间的相互关联,甚至利用已有的数据对未来的活动进行预测[3]。

3.2　隐性知识的获取方法

3.2.1　隐性知识的概述

1. 隐性知识的概念

隐性知识(tacit knowledge)是指未能用文字记录的难以交流的知识,其往往存在于人的大脑中或技能技巧中,其中包含了人的价值观、信仰、预见性、经验、技能、能力等方面,从知识特征来看隐性知识则是主观的、难以记录和传播的,因而是经验的、即时的、身体的、模拟的和实践的。

为了理解隐性知识,提供一个比喻为:"我们能在成千上万张脸中认出某一个人的脸。但是,在通常情况下,我们却说不出来我们是怎样认出这张脸的"。这类知识的绝大部分是难以用语言来表达的。这就是著名的命题:"我们知晓的比我们能够说的多"。

隐性知识的存在方式,过去往往使人们忽略了对其价值的认识。隐性知识和显性知识分类的重要意义在于,其揭示了显性知识的隐性根源,证明了隐性知识对人类知识的决定性作用。迈克尔·波兰尼指出,隐性知识本质上是一种理解力。是一种领会、把握经验,重组经验,以期达到对其理智控制的能力。心灵的默会能力在人类认识的各个层次上都起着主导性的作用,这也是隐性知识相对于显性知识的优越性。

2. 隐性知识获取困难的原因

隐性知识获取的主要困难在于怎样恰当地把握领域专家所使用的概念、关系以及问题求解方法。造成困难的主要原因有:

(1) 每一领域都有自己特定的语言,领域专家很难用日常语言表达这些行话并让计算机专家真正领会。在大部分情况下,这些行话缺乏相应的逻辑和数学基础,它可能是领域专家为了描述一种微妙的处境而创造的词汇,或者是这一领域沿用下来的习惯。要真正理解这些概念,计算机专家必须具备相应领域的基础知识,并对领域专家所处的环境有较深入的了解。

(2) 大部分情况下,领域专家处置问题靠的是经验和直觉,很难采用数学理论或其他决定论的模型加以刻画。

(3) 领域专家为了解决领域的问题用到一些非领域的原理和事实,其中有很大一部分是关于日常生活中的常识,这类知识领域专家往往在解题过程中下意识地使用到,但在其表述过程中却容易忽略。由于信息表示形式的影响、问题表达的需要以及其他心理学上的原因,领域专家对领域知识的表达可能会与实际的使用经验不一致。我们将隐性知识获取的方法大致分为心理学方法、技术方法、管理方法。

3. 隐性知识的特征

作为一种相对独立的认知加工过程结果的隐性知识,具有如下一些特征:

(1) 个体性:难以用语言表达,难以用数字、符号描述,难以用科学法则界定。通常不能交流、共享。

(2) 自动性:用自动化的方式在下意识层面形成,形成和运用过程都不受主观意志控制。知识以灵感、诀窍、习惯、信念等个人性的方式显现,主体难以在确定的时间、地点,以确定的方式有目的地运用。

(3) 情境依赖性:处于与最初习得相似的情境中,隐性知识最容易被激活。

(4) 稳定性:已形成的隐性知识不易受环境的影响改变;较少受年龄影响,不易消退遗忘。

(5) 整体性:由于个体性、自动性等特点,隐性知识往往显得缺乏逻辑结构,然而,隐性知识是个体内部认知整合的结果,是完整、和谐、统一的主体人格的有机组成部分,对个体在环境中的行为起着决定性作用。因而其本身必定也是整体统一、不可分割的[3]。

3.2.2 基于粗糙集理论的隐性知识获取机制

1. 基本原理

粗糙集理论以信息系统(或信息表)的形式表示数据,对象以属性表征,描述形式与关系数据库相似,且由处理不精确信息、基于示例学习等特点,很适合与数据归约。基于粗糙集理论的数据归约,其基本原理是通过求属性重要性并排序来实现的,在泛化关系中找出与原始数据具有同样决策或分辨能力的相关属性的最小集合,实现信息约简,以便产生更简洁、更有意义的知识规则,即新的知识。

2. 粗糙集的基本概念

设 $U \neq \varnothing$ 是研究对象的全体组成的有限集合,称为论域。任意子集 $X \neq U$,称为 U 中的一个概念或范畴。为规范起见,我们认为空集也是一个概念。U 中的任何一个概念为 U 的抽象知识,简称知识。

设 S 为 U 上的一簇等价关系的集合,则称 $\langle U, S \rangle$ 为一个知识基,亦为信息表。对于任意等价关系 $R \in S$,$AS = \langle U, R \rangle$ 称为一个近似空间或知识结构。对于每一个属性子集 $B \subseteq A$,定义一个不可分辨二元关系(不分明关系)$\mathrm{Ind}(B)$,即

$$\mathrm{Ind}(B) = \{(x, y) \mid (x, y) \in U^2, \quad \forall b \in B(b(x)) = b(y)\} \tag{3-1}$$

在近似空间 AS 中,对于任意 $X \subseteq U$,若 X 是一些基本集的并集,则称 X 是 R 上可

定义的,否则称为是 R 上不可定义的。

3. 近似集

定义设 U 为一论域,$R \in S$,对于任意 $X \subseteq U$,X 基于等价关系 R 的下近似 $\underline{R}(X)$ 与上近似 $\overline{R}(X)$,可以定义为

$$\underline{R}(X) = \bigcup \{Y \in U/R : Y \subseteq X\} \tag{3-2}$$

$$\overline{R}(X) = \bigcup \{Y \in U/R : Y \cap X \neq \varnothing\} \tag{3-3}$$

式中,U/R 是等价类的集合。

下近似可以解释为由那些根据现有知识判断出肯定属于 X 的对象所组成的最大的集合。

上近似可以解释为由那些根据现有知识判断出可能属于 X 的对象所组成的最小的集合。

通过 X 基于等价关系 R 的下近似和上近似,粗糙集近似示意图如图 3-2 所示我们还可以得到 X 的正区域、负区域和边界域的集合,分别为

$$\mathrm{POS}_R(X) = \underline{R}(X) \tag{3-4}$$

$$\mathrm{NEG}_R(X) = U - \overline{R}(X) \tag{3-5}$$

$$\mathrm{BND}_R(X) = \overline{R}(X) - \underline{R}(X) \tag{3-6}$$

图 3-2 形象地表明了粗糙集中等价类、下近似、上近似、正区域、负区域和边界域之间的关系。其中:

X 关于 R 的正区域可以解释为根据现有知识判断出肯定属于 X 的对象所组成的集合;

X 关于 R 的负区域可以解释为根据现有知识判断出肯定不属于 X 的对象所组成的集合;

X 关于 R 的边界域可以解释为根据现有知识,判断出可能属于 X 但不能完全肯定是否一定属于 X 的对象中所组成的集合。

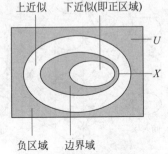

图 3-2　粗糙集近似示意图

下近似 $\underline{R}(X)$ 是 AS 中含在 X 中的最大可定义集,而上近似 $\overline{R}(X)$ 是 AS 中包含 X 的最小可定义集[4]。

4. 一般约简

粗糙集理论中,约简与核是两个最重要的基本概念。

定义 1　设 $Q \subseteq P$,若 Q 是独立的。且 $\mathrm{Ind}(Q) = \mathrm{Ind}(P)$,则称 Q 是等价关系族 P 的一个约简,即为 $\mathrm{red}(P)$。在 P 中所有的不可省略关系的集合称为等价关系组 P 的核,记为 $\mathrm{Core}(P)$。

定义 2　设 R 是一个等价关系族,且 $r \in R$,若有 $\mathrm{Ind}(R) = \mathrm{Ind}(R - \{r\})$。则称 r 在等价关系族 R 中是可省略的,否则 r 为 R 中不可省略的[5]。

约简与核的关系为

$$\mathrm{Core}(P) = \bigcap \mathrm{red}(P) \qquad\qquad (3\text{-}7)$$

3.2.3 基于神经网络的隐性知识获取方法

1. 人工神经网络的定义

人工神经网络(artificial neural network,ANN),又称人工类神经网络,通过模拟信息在人类大脑中的处理方式实现模拟逻辑算法。每个连接类似于神经元之间的突触,用于神经元之间进行信息传递;神经元和神经元互联组成神经网络,从而得到最终的反馈[6]。

2. BP 神经网络

目前 BP 神经网络的结构包含输入层、隐藏层、输出层。相关结构如图 3-3 所示。输入层负责接收外部的信息和数据;隐藏层负责对信息进行处理,不断调整神经元之间的连接属性,如权值、反馈等;输出层负责对计算的结果进行输出。其中,权值反映了单元间的连接强度;反馈反映了单元间的正负相关性,在单元间的连接关系中,通过这些信息反映出信息的处理过程。由于对整体结果的未知,在隐藏层的权值和反馈需要不断地调整,最终达到最好的拟合结果[7]。

神经网络
知识拓展

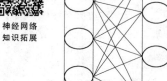

输入层　　　　　输出层

隐藏层

图 3-3　BP 神经网络结构[8]

谓语动词对其论元有选择倾向性,称为语义选择限制(selectional preference,SP)。可以用函数 $\mathrm{sp}_r(v,n)$ 表示语义选择倾向,v 表示谓语动词,r 表示论元类型,n 表示名词,sp 值为实数,值越大,表示 n 越适合充当 v 的论元 r。例如,"苹果"比"石头"更适合充当"吃"的"宾语"。语义选择限制知识获取就是学习函数 $\mathrm{sp}_r(v,n)$,实现对任意 (v,r,n) 的打分。

语义选择限制知识对于分析句子语义的重要价值如下:

(1) 判断句子是否合法

钻出一个平面。

此句不合法,动宾搭配错误。"钻"不能形成"平面"。

(2) 推测词义

用 CA6140 机床车出一根直径 80mm 的轴。

通过"车"做谓语,可推算出"CA6140 机床"为车床。

神经网络可以实现函数 $\mathrm{sp}_r(v,n)$,网络输入为代表 v 和 n 的值(如词向量),输出为 $\mathrm{sp}_r(v,n)$

网络由输入层、隐藏层、输出层三层构成(见图 3-4)。输入层节点数为 $2N$,隐藏层节点数为 H,输出层节点数为 1。输入 x 为动词 v 的词向量 $\boldsymbol{v}$ 与宾语 n 的词

向量 n 的拼接(concatenation),即得到公式(3-8)。

$$x = \begin{bmatrix} v, n \end{bmatrix}^{\mathrm{T}} \tag{3-8}$$

词向量的维度为 N,因此 x 的维度为 $2N$。动词和名词的词向量可以分开学习,学习之前可以进行随机初始化或引入预训练的词向量,在模型训练过程中通过反向传播进行更新。

W_1 为输入层与隐藏层之间的权值矩阵,W_1 是 $H \times 2N$ 矩阵。

b_1 为偏置项,b_1 为 $H \times 1$ 矩阵,隐藏层节点的激活函数为 $\tanh(x)$。

a_1 为隐藏层节点的输出值,a_1 也是 $H \times 1$ 矩阵。

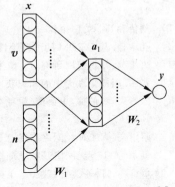

图 3-4　单隐层前馈网络结构[8]

W_2 为隐藏层与输出层之间的权值矩阵,W_2 为 $1 \times H$ 矩阵。

输出 y 为隐藏层输出的线性组合,为一个实数,偏置项 b_2 为实数,y 即为所求的动词 v 对宾语 n 的语义选择倾向 sp。

$$a_1 = \tanh(W_1 x + b_1) \tag{3-9}$$

$$y = W_2 a_1 + b_2 \tag{3-10}$$

$$\mathrm{sp}_r(v, n) = y \tag{3-11}$$

基于神经网络的隐性知识获取要求通过大规模无标注语料进行神经网络参数的训练。把训练集中出现的搭配(v, n)视为正例,而把 n 随机地替换为 n' 后形成的搭配(v, n')视为反例。我们关心的是模型对正例和反例打分的大小关系,期望正例的打分至少要比反例的打分大 l(l 的取值可以调整),于是根据每一组(v, n)和(v, n')定义以下排序目标函数,如:

$$m = \sum_{n' \in J} \max\{0, l - (\mathrm{sp}_r[(v, n)] - \mathrm{sp}_r[v, n'])\} \tag{3-12}$$

可见当 $\mathrm{sp}_r[(v, r)] - \mathrm{sp}_r[(v, n')] \geqslant l$ 时,$m = 0$,否则 $m > 0$。模型训练的目的就是使 m 值最小。

我们在训练时,总是给每一个正例随机生成一个反例,作为一对训练样本,由网络输出正例的打分和反例的打分,计算目标函数关于模型参数的导数。借助反向求导更新模型参数及输入词向量。

BP 神经网络构建过程主要分为两步:第一步,前向传播;第二步,反向误差传递。

在前向传播的过程中,给定 W 和 b 矩阵,可以得到给定样本对应的预测值(激活值)。在反向求导的过程中,通过样本预测值与样本真实值之间的误差来不断修正网络参数,直至收敛[8]。

参考文献

[1]　刘传和,陈界.图书馆知识管理理论与实践[M].北京:海洋出版社,2007.

[2]　孔令伟.基于 PDM 的可重用设计资源研究及其应用[D].武汉:武汉理工大学,2012.

[3]　韦于莉.知识获取研究[J].情报杂志,2004(4):41-43.

[4]　张明.粗糙集理论中的知识获取与约简方法的研究[D].南京:南京理工大学,2012.

[5]　张腾飞,肖健梅,王锡淮.粗糙集理论中属性相对约简算法[J].电子学报,2005(11):162-165.

[6]　赵崇文.人工神经网络综述[J].山西电子技术,2020(3):94-96.

[7]　刘荣.人工神经网络基本原理概述[J].计算机产品与流通,2020(6):35,81.

[8]　贾玉祥,许鸿飞,昝红英.基于神经网络的语义选择限制知识自动获取[J].中文信息学报,2017,31(1):155-161.

第 4 章

可重用设计知识的管理

现代产品设计是基于知识重用的快速化设计,是一个设计知识从抽象到具体、不断积累、逐步细化和反复迭代的过程,包含了对设计知识的继承、转换、创新和管理。特别是随着智能制造大规模协同生产方式的出现和大数据时代的到来,知识的组织与管理的重要性日益凸显。只有对知识进行有效的组织与管理,服务于新产品设计过程,增加知识的重用性和移植性,才能减少设计者在产品设计中收集相关设计资料的时间,降低开发时间成本、减少错误、提高效率和质量可靠性。因此,知识的组织与管理是实现知识可重用的前提,也是可重用设计几种关键技术的基础。

4.1　知识管理的概念

知识管理的根本目的是为组织获得显性知识和隐性知识,通过结合信息技术来有效地利用知识。从面向服务的角度上来看,知识管理通过各种反馈及时发现需求并及时提供有效的服务;从面向对象的角度上来看,知识管理可以提供给个人或组织更多的创新机会,以更加自由开放的方式,获取更为丰富的知识积累[1]。

不管定义上如何的纷繁多变,从这些不同的概念中可以看出,对于知识管理主要有两个方面的理解:

(1) 强调对知识的管理,这里的知识可以是广义的理解,也可以是狭义的理解。即对知识的收集、整理、存储、传播和知识在应用过程中的领导、控制、指挥、协调的管理活动。

(2) 强调对知识创新活动的管理。即如何利用原有的知识开发创造新的、有价值的知识,并将之投入市场获得经济回报。

这两方面都是知识管理的重要内容。

此处知识管理的定义为:知识管理就是对一个企业集体的知识与技能的捕获,然后将这些知识与技能分布到能够帮助企业实现最大产出的任何地方的过程。知识管理的目标就是力图将最恰当的知识在最恰当的时间传递给最恰当的人,使他们能够做出最好的决策[2]。

4.2　可重用知识的组织技术

通过设计知识重用,一方面,产品的开发不再采用一切"从零开始"的模式,而是以已有的工作为基础,将开发的重点集中于产品的特殊零部件,消除重复劳动,避免重新开发可能引入的错误;另一方面,在产品整个生命周期中充分利用过去产品开发模型中积累的知识、经验和资源,包括计算机辅助设计、生产工艺、加工设备、管理模式等,对设计开发工作进行有效支持,从而提高产品开发的效率和质量,降低产品的成本,提高企业的市场竞争力,这对以多品种、小批量或者单件生产为主的制造企业效果尤为显著。

综上所述,设计知识重用是借助于能够被重复利用的设计知识(包括设计过程知识以及设计结果知识)解决新设计问题的过程,即利用已有设计知识实现设计状态转变的过程,其重点考虑如何组织、管理、重用设计知识,其组织技术主要包括知识检索、知识导航、知识推送等技术[3]。

4.2.1　可重用知识检索技术

知识检索是设计知识重用中的关键技术,设计知识检索的目的就是在已有产品设计知识中找到能够满足设计需求的设计知识。相关研究目前集中在索引的建立、基于实例推理、基于神经网络的检索等方面[4]。

检索是知识管理系统的必备功能,也是衡量系统可应用性的重要指标,优良的检索能力能够利用用户的输入,匹配所需要的知识,并以合适的形式展示给用户。通常采用的方法有关键词检索、全文检索、基于本体的检索等,不同的方法又有不同的实现方案[2]。

可重用知识库建立后,还需要从库中检索与需求匹配的知识,或者通过浏览机制帮助设计者找到最符合设计需求的复用知识。可重用知识检索一般分为三个阶段:

(1)设计者按照合法的词语表达查询条件;

(2)开始线性检索:查找确定候选重用知识的位置,候选知识按照它们与查询匹配的程度排列;

(3)当线性检索没有找到合适的可重用知识时,启动基于聚类的检索。

可重用知识检索问题可以形式化,即可以把它分解为问题空间和解空间。如图 4-1 所示。其中问题空间又可以进一步分解为:

图 4-1　复用知识检索问题

（1）实际问题空间；

（2）设计者所理解的问题空间；

（3）查询空间。

而解空间中能辨别三种子空间：

（1）知识实例空间；

（2）知识类空间；

（3）代码/索引空间[5]。

4.2.2　可重用知识导航技术

在产品设计过程中，产品设计人员总是通过浏览和检索两种方式来获取所需的设计知识。知识检索方面已经形成了很多的可行方法，而知识导航就是针对设计知识浏览的辅助工具[4]。

知识导航原理可表述为：采用知识组织网络模型建立知识元模型对产品知识进行表达，并通过知识组织网络建立知识间的关联，组织显性知识并挖掘隐性知识；利用知识推送技术中的情境对象建立设计过程与产品知识间的联系，使得设计人员能够在合适的时间获取能够支持当前设计工作的产品知识。

知识导航技术框架如图 4-2 所示。

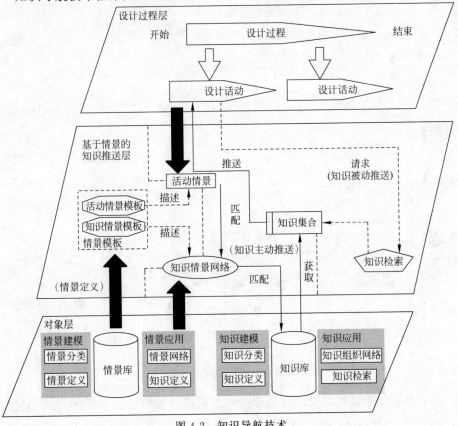

图 4-2　知识导航技术

相似地,对于知识库,通过产品知识的分类及定义等建模方式建立知识元模型,并将实例化后的知识组织建立知识库。为了帮助设计者能够以多种方式获取知识,对知识进行面向搜索的属性设置,提供知识被动推送获取方式。此外,为了有效地对产品知识进行组织管理,使得知识之间以一种较为有序化的和具有互联关系的形式存在,建立知识组织网络用以描述产品知识之间的关系并进行隐性知识的挖掘[6]。

4.2.3　可重用知识推送技术

在知识服务过程中,除了设计人员主动获取设计知识之外,还可以通过被动的方式提供知识服务,即:知识推送。系统根据设计人员工作的上下文环境能够智能判断其所需要的设计知识,并以恰当的方式将相关内容提供给设计人员。构建设计人员的兴趣模型是实现智能地判断知识需求的基础,该模型包含着当前设计人员可能需要的设计知识的特征[2]。

知识推送技术即为了解决设计者在设计工作中获取知识的效率低下的问题的方法,其包含的组成对象及应用过程如图 4-3 所示。

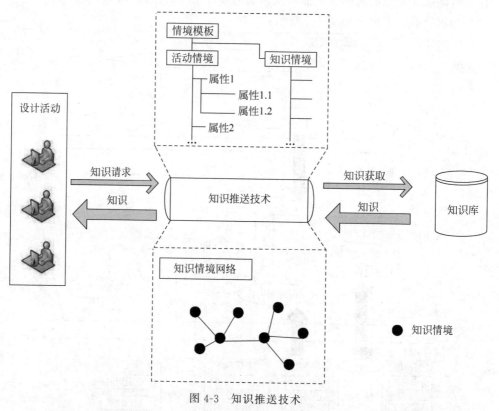

图 4-3　知识推送技术

知识推送技术通过对设计活动和产品知识进行情境定义集成的方法,对设计活动的相关环境信息以及产品知识的应用环境信息进行描述。当设计者需要查找某一类知识的时候，推送技术将检测当前设计活动的情境内容，并通过匹配合适的知识情境从知识库中提取符合当前情境的知识，呈现给设计者。

知识推送的过程可表述为：在设计过程层将产品设计过程进行合理化组织，并将其转化为设计活动；设计活动在情境层中产生活动情境并匹配相应的知识情境，继而在知识情境组成的网络中继续查找符合需求的知识情境；根据该知识情境获取知识库层中符合条件的知识元；将这些知识元所涵盖的具体知识条目推送至当前设计活动，呈现给相应的设计人员[6]。

4.2.4 可重用知识的共享与安全管理

只有将可重用工艺设计知识共享给企业内相关的设计人员，才能最大程度地发挥这些知识的价值，从而体现出企业的知识价值。工艺设计知识的共享一般包括两个层次：

1. 企业内部的知识共享

企业内部的知识共享一般在局域网中实现，目前较多采用的是 C/S 结构的数据库应用程序。即将工艺设计知识存放于服务器(server)中进行统一管理，设计者通过客户端(client)的应用程序进行访问和操作。与基于 WEB 的 B/S(browser/server)结构相比，C/S 结构允许客户端拥有更强大、更方便的功能，而且能够较好地实现与其他工程设计与制造系统、生产管理系统(CAD/CAM/MRPII)之间的集成。

2. 企业间的知识共享

在知识经济时代，市场竞争加剧的同时，企业间的合作也日益密切，甚至出现了众多的企业联盟。因此，企业间的知识共享也变得非常重要。由于企业间的知识共享一般是在广域网上实现，所以通常采用基于 WEB 的 B/S 结构。即服务器对知识统一管理，并对外提供 WEB 服务。而客户端只需要通过 IE、Navigator 这样的浏览器即可实现对知识库的访问。

无论是哪一种知识共享方式，都必须考虑知识的安全问题。一般来讲，知识库至少需要通过操作系统/数据库管理系统/应用程序(OS/DBMS/APP)三个层次的安全验证。在基于 WEB 的知识共享中，访问者还需要通过防火墙等网络安全验证[4]。

4.3 可重用知识管理技术的种类划分

对知识管理的研究主要从三个方面展开：知识资本理论、以知识为基础的企业理论和知识管理各环节的支持研究。

知识资本理论的代表人物是美国 Stewart 和瑞典斯堪地亚财务服务公司的

Edvinsson。前者一直致力于知识资本理论思想的研究和推广,在 1991 年提出了知识资本概念,Edvinsson 则从实践角度提出了知识资本的管理和评估模型。他在 1997 年发表了第一部关于知识资本管理评估的专著《知识资本:组织的新财富》,结合自己财务公司的现状提出了顾客、流程、产品更新与开发、人力因素和财务等角度对知识资本进行动态评估的方法。

以知识为基础的企业理论将企业的基本活动整合到知识资本的运动中,认为企业是围绕知识运转的经济组织,通过知识的创造、使用和传播来提供产品和服务,实现企业价值。Grant 认为知识整合的关键不在于知识的传递,而在于使组织成员相互学习,他提出了知识整合的四种机制:规则和指令、串行、惯例和集体解决问题决策。日本的 Nonaka 则特别强调组织知识的创造,着重分析个人未编码知识与组织编码的互动关系。总的看来,这些研究还处于起步阶段,还没有形成足够完整的概念和方法,也没有自成体系[7]。

知识管理技术主要分为以下几类:

1. 过程分类法

知识过程一般来说应包括知识生产、分享、应用和创新四大过程,但不同人也有不同的分法。如图 4-4 中,Rose Dieng 从创建组织记忆的角度将知识过程分为六个基本阶段,每个阶段有相应的技术提供支撑。

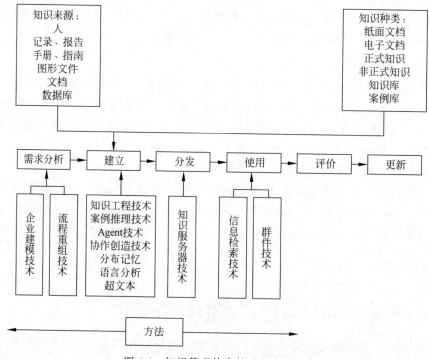

图 4-4　知识管理技术的过程分类法

如需求分析阶段需要通过分析业务过程来确定业务过程中所用的知识,企业建模、流程重组技术等就成为该阶段的技术支撑;组织记忆建立是知识生产的关键阶段,需要将不同来源的知识分类、整理、提炼并加以存储,将分散知识提升为组织记忆。知识工程技术、实例推理技术、智能代理技术等为组织记忆建立阶段提供了技术支撑,其他如知识分发需要知识服务器技术,知识使用需要信息检索、群件技术等。

2. 层次分类法

层次分类法从知识管理的不同作用层次来分类知识管理技术。知识管理对企业运营而言,在战略、战术以及运作三个层面都能起到相应的作用,这样就可以将知识管理技术分为三个层次:即战略性知识管理技术、战术性知识管理技术以及运作性知识管理技术。

简单来说,战略性知识管理的主要问题是"知识如何创造价值";战术性知识管理则关注"如何更好地使用和创造知识";而运作性知识管理则需要解决"如何编码和共享日常工作中的知识"。三种问题对应着三个层面的技术(图 4-5)。

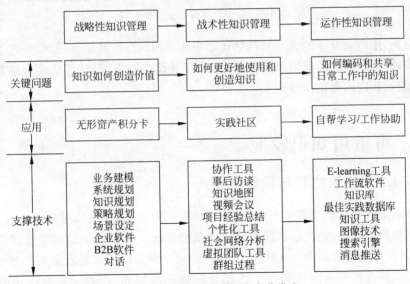

图 4-5　知识管理技术的层次分类法

3. 技术成熟度分类法

技术成熟度分类法主要考虑两个维度:一个是技术成熟度的高低,另一个是技术聚焦点的变化,这样就得到了知识管理技术的成熟度矩阵,它既能使我们认清当前的技术状况,又可以使我们看到技术的未来发展。

知识管理技术不是一个静态的概念,而是在应用中不断应用和发展的,今天的热门技术可能在明天就会被淘汰。所以,我们不能用静止的视角来看待知识管理技术,经常性的"瞻前顾后""左顾右盼"是必要的。Gartner 公司概括了有关知识管理的"潮流"技术,给出了知识管理技术的成熟度矩阵(图 4-6)。

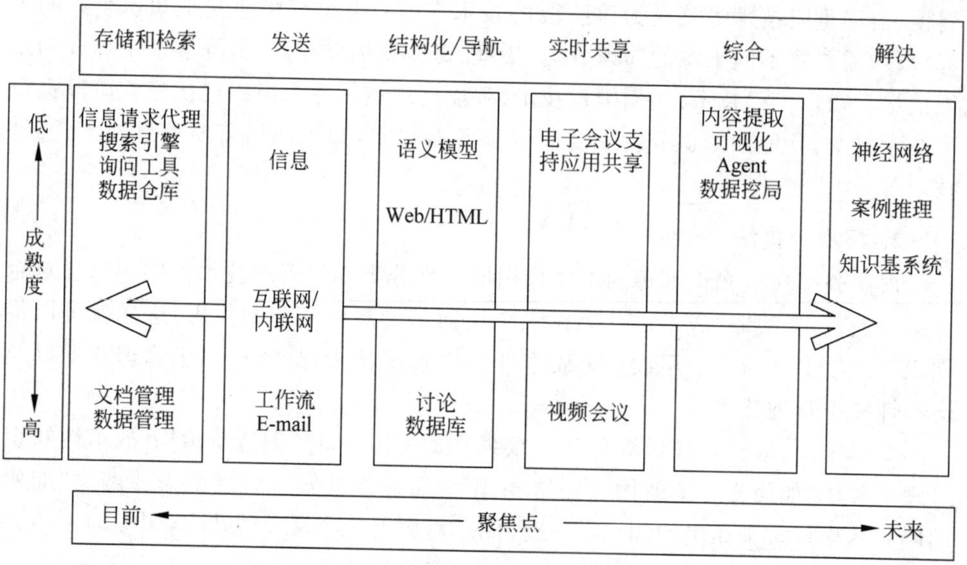

图 4-6　知识管理技术成熟度矩阵

　　目前,国内企业的知识管理概念还处于萌芽期。在产品设计领域,一些企业意识到设计知识、设计经验的重要性,也着手开展设计知识、设计经验的归纳整理工作,但缺乏相应的理论指导和工具支持[4]。

4.4　可重用知识发现

4.4.1　知识发现与数据挖掘

　　知识发现是从原始数据中提炼出有效的、新颖的、潜在有用的知识的过程,是提升挖掘数据效能、提升数据使用价值的重要手段。数据挖掘是知识发现的关键步骤,其能在大量数据中寻找规则和关系,并通过可视化形式表现出来。但是数据挖掘的探索性和不确定性延长了挖掘目标数据的周期、增加了获取可用数据的成本[8]。

　　知识发现的基本过程有数据准备阶段、数据挖掘阶段、结果评估与解释阶段。知识发现是一种面向用户的服务,其中,数据准备阶段从用户需求入手;数据挖掘阶段结合用户需求与现有数据,使用数学或计算机方法进行知识发现;结果评估与解释阶段将知识发现结果展示给用户[9]。

　　数据挖掘作为一门新兴的交叉学科,主要是指从数据集里面获取隐晦的、有用的信息和知识的过程。其操作的核心理念:基于对数据集的深刻认识,高度抽象并概括数据本质,将数据隐藏的信息变得易于读取。这些数据集往往具有大规模性、不完全性、模糊性和随机性的特点,涵盖了大数据的特点。所以,数据挖掘技术能很好地应对大数据[10]。

4.4.2　数据挖掘方法

1. 关联分析

关联分析作为一种有效的数据挖掘技术,其主要用于发现数据之间的关联性。其基本思路可用"$W \rightarrow B$"表示。其中 W 指属性集,B 指属性个体。操作规则简单来说,就是在数据集中,W 具有真值,而 B 具有真值的可能性和趋势[10]。最典型的关联分析为货篮分析。其属性值有两个,分别是支持度和置信度。这样 W 属性集就由"支持度-置信度"构成。比如,在生产过程中,事件 A 发生了,分析事件 B 发生的可能性。这个对于故障检测和维修很有应用价值。关联分析能从关系数据中,获取感兴趣的知识模式,在众多行业中都有应用价值。关联分析作为一种有效的数据挖掘技术,其主要用于发现数据之间的关联性。

2. 决策树

决策树主要是根据数据的属性值来对数据进行分类,其主要的规则是"if then"。它的主要优点就是直观性,可以显示出得出结果的决策过程。这点它优于神经网络,但是在面对复杂的数据时,决策树会产生很多的分支,这不便于管理。此外,在面对数据缺值问题时,它没有较好的处理方法[10]。

决策树分类法是一种以数据集为基础,从一组无次序、无规则的样本数据中推理出分类规则的归纳学习算法。是将构成决策方案的有关因素以树形图的方式表现出来,并据以分析和选择决策方案的一种系统分析分类方法,能够形象地显示出整个决策问题在不同阶段及各时间节点上的决策过程,层次分明,逻辑清晰,形象直观,表示出来很像一棵树。

例如,购房者在了解房屋信息时,决定是否购买的决策过程(图 4-7),就是一个简单的决策树[11]。

3. 遗传算法

遗传算法用到了生物学中的一个概念——遗传,物种的繁衍讲究适者生存原则,同样遗传算法也有着类似原则。其通过模拟自然界物种的进化机制,逐渐产生最合适的规则,并组建新群体,而后产生规则的个体。因此,可利用遗传算法获得最佳模型,优化数据

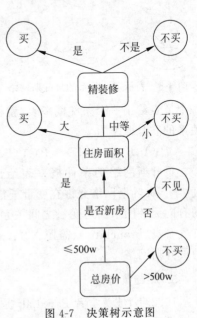

图 4-7　决策树示意图

模型[10]。

遗传操作是模拟生物基因遗传的做法。在遗传算法中,通过编码组成初始群体后,遗传操作的任务就是对群体的个体根据它们对环境的适应度(适应度评估)施加一定的操作,从而实现优胜劣汰的进化过程。从优化搜索的角度而言,遗传操作可使问题的解,一代又一代地优化,并逼近最优解。

如旅行商问题,推销员要走数个城市去推销产品,怎样走才能总距离最短。先多次随机顺序走完全程,然后中间随机找两种走法,随机选择几个城市进行互换(交叉),从前往后将多余的城市去掉,在选择好的城市中随机选择两个城市进行顺序的互换(变异),并重新计算总距离,多次重复,最后比较总距离得到最优解。

4. 贝叶斯网络

贝叶斯网络(bayesian network,BN)作为建立在数据统计基础上一种方法,其理论依据就是后验概率的贝叶斯定理。其思路是将不确定事件用网络关联起来,从而预测相关事件的发生概率。

贝叶斯网络是依据贝叶斯定理建立的一种概率网络,是概率论中的贝叶斯方法与图论相结合而形成的基于概率推理的数学模型。贝叶斯网络由一个有向无环图和一组条件概率分布组合而成,前者能够定性地表达变量之间的依赖和独立关系,后者可以定量地表达变量之间的关系及相关程度,适用于表达、分析、解决不确定性和不完整性问题。它具有直观易懂、量化可比、功能强大、灵活通用等特点,最为突出的特点是能够实现定性分析与定量分析的统一。

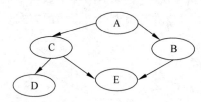

图 4-8 表示定性关系的贝叶斯网络

贝叶斯网络通过有向无环图表达了各节点要素的依赖关系和依赖程度。一个随机变量集合为 $M=\{A,B,C,D,E\}$ 的贝叶斯网络(见图 4-8),表达的五个节点代表五个事件,各节点间的连线代表所连接的两个节点的直接依赖关系和独立性,箭头所指为"因""果"。对每个节点给出一个条件概率表,就得到了一个定量的贝叶斯网络。此贝叶斯网络关系的联合概率为

$$P(A,B,C,D,E)=P(A)P(B\mid A)P(C\mid A)P(D\mid C)P(E\mid B,C)$$

贝叶斯网络的条件概率表给出了"因"节点事件与"果"节点事件的影响程度[12]。贝叶斯网络允许在变量子集间定义类条件独立性,采用一种带有概率注释的有向无环图来描述变量之间关系。如描述吸烟(smoking)、肺癌(lung cancer)、支气管炎(bronchitis)、需照 X 光(x-ray)以及呼吸困难(dyspnea)之间的因果关系的贝叶斯网络[10]。

5. 粗糙集方法

1982 年,波兰学者 Paw-Lak 提出粗糙集概念,用于对不确定、不一致、不完整数据进行定量分析的专门数据挖掘工具。粗糙集方法作为一种数学工具,对于数

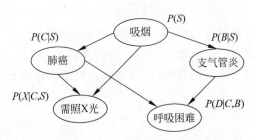

图 4-9　表示因果关系的贝叶斯网络模型

据挖掘,意义重大。在面对含糊性的问题时,该方法可以找出不准确数据或噪声数据的内在结构联系。此外,还可以进行特征归约和相关性分析的操作[10]。

　　例如,下面用一个具体的实例说明粗糙集的概念。在粗糙集中使用信息表(information table)描述论域中的数据集合。根据学科领域的不同,它们可能代表医疗、金融、军事、过程控制等方面的数据。信息表的形式和大家所熟悉的关系数据库中的关系数据模型很相似,是一张二维表格,如表 4-1 所示。

表 4-1　信 息 表

姓　　名	教育程度	是否找到了好工作
王治	高中	否
马丽	高中	是
李得	小学	否
刘保	大学	是
赵凯	博士	是

　　表格的数据描述了一些人的教育程度以及是否找到了较好的工作,旨在说明两者之间的关系。其中王治、马丽、赵凯等称为对象,一行描述一个对象。表中的列描述对象的属性。粗糙集理论中有两种属性:条件属性和决策属性。本例中"教育程度"为条件属性;"是否找到了好工作"为决策属性。

　　设 O 表示找到了好工作的人的集合,则 O={马丽,刘保,赵凯},设 I 表示属性"教育程度"所构成的一个等效关系,根据教育程度的不同,该论域被分割为四个等效类:{王治,马丽},{李得},{刘保},{赵凯}。王治和马丽在同一个等效类中,他们都为高中文化程度,所以是不可分辨的。则

　　集合 O 的下逼近(即正区)为 I * (O)=POS(O)={刘保,赵凯}

　　集合 O 的负区为 NEG(O)={李得}

　　集合 O 的边界区为 BND(O)={王治,马丽}

　　集合 O 的上逼近为 I3(O)=POS(O)+ BND(O)={刘保,赵凯,王治,马丽}

　　根据表 1,可以归纳出下面几条规则,揭示了教育程度与是否能找到好工作之间的关系。

　　RULE 1:IF(教育程度=大学)OR(教育程度=博士)THEN(可以找到好

工作)

　　RULE 2：IF(教育程度＝小学)THEN(找不到好工作)

　　RULE 3：IF(教育程度＝高中)THEN(可能找到好工作)

　　从这个简单的例子中,我们还可以体会到粗糙集理论在数据分析、寻找规律方面的作用。

6. 神经网络

　　神经网络属于最常见的数据挖掘技术。其基本思路是通过模拟人脑的重复学习方式,对训练样本进行学习和训练,最终得到区分各种样本的特征和模式。为了保证精准拟合各种样本数据,应尽量挑选具有代表性的训练样本集。神经网络最大的特点是:可理解性差,即无法知道通过何种规则得到这样的结果;优点为能处理复杂问题、对噪声数据不敏感以及能对新数据进行分类。

　　一个神经网络由一个多层神经元结构组成,每一层神经元拥有输入和输出(同时也是后一层的输入)。如一种常见的多层结构的前馈网络由三个层次结构组成:输入层、隐含层和输出层[10]。如图 4-10 所示。

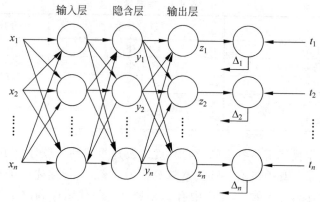

图 4-10　神经网络模型

4.4.3　数据挖掘方法的比较与选择

1. 关联分析

　　关联分析的目的是为了挖掘隐藏在数据间的相互关系,即对于给定的一组项目和一个记录集,通过对记录集的分析,得出项目之间的相关性。用关联规则来描述项目之间的相关性,一般表示形式为：$X \rightarrow Y$(规则支持度、规则置信度),其中 X 和 Y 分别称为前项和后项。关联分析后会产生许多规则集,判断规则有效性的指标是规则支持度(反映规则普遍性)和规则置信度(反映规则的准确度)。如果一个关联规则的支持度和置信度均大于设定的最小支持度和最小置信度阈值,那么就是强规则,即表示该关联关系是有意义的,关联分析就是对强规则的挖掘[13]。

2. 决策树

决策树算法的目的是通过向数据学习,实现对数据内在规律的探究和新数据对象的分类预测。决策树学习是对已知数据类别的一种有监督学习,采用自顶向下的递归方法生成一种树型结构,树的最高层节点为根节点,中间各层的每个节点表示对一个属性的判断或测试,每个分支表示一个判断或测试的输出,每个叶节点代表一种分类结果[13]。

与其他分类算法相比,决策树算法有如下优点:①易于理解和实现。对数据挖掘使用者来说,这种易理解性是一个非常显著的优点。②速度快。计算量相对较小,且容易转化成分类规则。③准确性高。使用决策树分类法可以得出准确率很高的分类规则,而且可以清楚地看出哪些字段是比较重要的。

决策树算法也存在一些缺点:①对于连续型变量必须离散化才能被学习和分类。②对于有时间顺序的数据,需要进行很多预处理,从而加大了工作量。③当类别太多时使用决策树算法,错误的可能性就会增加得比较快[11]。

3. 遗传算法

遗传算法是一种弱方法,对信息缺少问题不敏感,但效率高,运用也较为灵活,可用于评估数据挖掘算法中的其他算法。该算法在处理数据分类问题上,极其合适,利用时间类比和空间类比的手段,将大量的种类丰富的信息数据系统化,从而发现数据间的内在关联,获得合适的模型。在模型建立时,可以与神经网络算法相结合,提高模型的可理解性[10]。

4. 贝叶斯网络

贝叶斯网络(BN)功能有聚类、分类、预测和因果分析。对比其他算法,BN 的优势在于可理解性好、预测效果好,不过对于低概率事件的处理问题,其效果较差[10]。

贝叶斯网络是一种基于概率推理的图形化网络,归属于数学模型的范畴,可用于解决不确定性和不完整性问题。BN 本身是一个不定性因果关联模型,以多元知识图解作为推理模型,能够更加贴切地表达因果关系。由于 BN 通过条件概率对信息要素之间的关系进行表达,从而使其能够在不确定和不完整的信息条件下,完成学习与推理,这使 BN 具有强大的不确定性问题处理能力。

5. 粗糙集方法

通过粗糙集,可以发现通过其他方法不能找到的隐含信息及数据间隐藏关联。粗糙集理论的主要定式为通过对数据分析,得出属性约简,在属性约简的基础上进一步分析探讨,提取出最终知识的分类规则,属性虽然进行约简,但是约简后的数据有同等得出最终有效规则的效力。粗糙集特点主要有:①知识定义为不可区分关系的一个族集,知识表现出数学含义,有利于通过数学运算进行处理;②对数据要求不高,不需要任何先验知识就可以通过众多单纯数据深入分析其内在联系;

③在保证规则相同有效性基础上,对数据进行属性约简,既保证了属性的全面,又精简冗余,得出知识最小表达式;④探究数据间的关联,得出数据间依赖度。

粗糙集的主要优点为,不依赖数据的初始或附加信息,这样在应对不完整的信息分类时可以采用粗糙集方法,应用粗糙集方法可以极大提高数据挖掘的效率[10]。

6. 神经网络

神经网络的优点很多:①分类精度高;②良好的鲁棒性;③较强的自主学习和记忆能力;④超强的容错能力;⑤可用于求解一些非常复杂的问题,因为神经网络具有很强的非线性拟合能力,甚至可以通过对变量反复多次进行线性组合后再进行非线性变换,从而可映射任意复杂的非线性关系。因此,在非线性问题的处理上神经网络堪为首选。

神经网络算法也有其不足之处:其最突出问题是,要真正建立一个好的神经网络其实非常困难,工作量很大,周期也很长;另一个不足之处是对网络的解释,难以从网络中提取规则[11]。

可重用设计
知识管理关
键技术拓展

参考文献

[1] 钟露明.基于知识管理的协同办公系统设计与实现[J].计算机与现代化,2013(6):198-202.

[2] 郝佳.产品设计知识管理与重用关键技术研究[D].北京:北京理工大学,2014.

[3] 李有为.基于本体论的制造业产品设计知识重用研究[D].合肥:合肥工业大学,2008.

[4] 胡建.产品设计知识管理关键技术研究及实现[D].南京:南京航空航天大学,2005.

[5] 张国军.基于灰色知识的可复用工艺设计理论及关键技术[D].武汉:华中科技大学,2002.

[6] 龙侃.支持复杂产品设计的知识导航技术研究[D].杭州:浙江大学,2011.

[7] 田雨.面向可复用设计的产品知识管理研究与实践[D].武汉:华中科技大学,2004.

[8] 莫斐,张睿,芮晟.从知识发现角度试论面向数据产品的数据生产[J].信息系统工程,2020(1):18-20.

[9] 靳嘉林,王曰芬.大数据环境下知识发现研究的变化及其发展趋向[J].数字图书馆论坛,2018(5):67-72.

[10] 茹鲜古丽·苏来满.大数据时代下数据挖掘技术的应用研究[J].计算机产品与流通,2020(4):142.

[11] 丁浩.数据挖掘中常用分类算法的分析比较[J].菏泽学院学报,2015,37(5):47-50.

[12] 吕开东.基于贝叶斯网络的大学学情分析研究[J].学校党建与思想教育,2020(9):69-71.

[13] 蒋雯音,张颖,童亚琴.数据挖掘方法在网络学习行为研究中的应用[J].电脑知识与技术,2020,16(17):17-21.

基于参数化的可重用设计

　　产品设计是一项创造性活动,是一个反复修改、不断完善的过程。同时设计工作往往是变形或系列化设计,新的设计经常用到已有的设计结果。在参数化设计技术出现以前,传统 CAD 使用的方法是先绘制精确图形,再从中抽象几何关系,该类设计只存储最后的结果,而不关心设计的过程。这种设计系统不支持初步设计过程,缺乏变参数设计功能,不能很好地自动处理对已有图形的修改,不能有效地支持变形化、系列化设计,从而使得设计周期长、设计费用高、设计中存在大量重复劳动,严重影响了设计的效率[1],无法满足市场需求,在这种情况下基于参数化的可重用设计方法应运而生。

5.1　参数化设计技术

5.1.1　参数化设计原理

　　参数化设计(parametric design)也叫尺寸驱动(dimension driven),是以一种全新的思维方式来进行产品创建和修改设计的方法。参数化设计用约束来表达产品几何模型的形状特征[2],通过自定义模型中一些主要的定型、定位或装配体尺寸变量来控制零件的大小和结构,修改这些变量的同时由一些公式计算出相关尺寸并改变这些尺寸变量,从而方便地创建一系列在形状或功能上相似的零件[3],是一种具有规格性、系列性、高效性的设计技术。这种用尺寸驱动来修改零件的功能为初始产品设计、产品建模、修改系列产品设计提供了有效手段,能够满足设计具有相同或相近几何拓扑关系工程系列产品及相关工艺装备的需要。参数化设计是基于尺寸及特征驱动的原理,通过创建能够体现变量之间关系的规则公式,从而计算出参数值,并且能够通过一定的函数关系使相关联的特征变量值随之改变[4-5]。这种方法优点在于在设计中可以重复设定参数而不需要具体数值,将修改后的参数直接载入系统即可自动完成产品设计,可以更好地发挥参数设定灵活性这一特点。对于典型零件来说,因其结构外形相似度较高,在设计时可用多组参数对能够代表产品特征的几何变量进行约束,所取约束参数与设计对象在尺寸控制及特征要求等方面有明确的对应关系。当选择不同的变量组参数时,就可利用 CAD 系统的人机交互式设计功能在原有对象的基础上载入新的参数从而生成具有新的几何形状和特征的模型,在参数化设计中采用参数化模型设计者可以通过调整参数来修改和控制几何形状,实现产品的精确造型,而不必在设计时专注于产品的具体尺寸,参数化设计方法存储了设计的全过程,能设计出一系列而不是单一的产品模型,对已有设计的修改,只需变动相应的参数,而无需运行产品设计的全过程,极大地改善了图形的修改手段,提高了设计的柔性。该技术已成为 CAD 技术主要发展方向之一[6]。具体流程如图 5-1 所示。

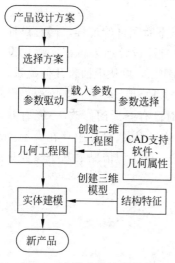

图 5-1　参数化设计流程图

参数化设计的主要表现形式:参数化设计利用零件或产品组成形状上的相似性,可形成系列化,其各尺寸关系可用一组参数来确定,参数的求解较简单,参数与设计对象的控制尺寸有明显的对应关系,设计结果的修改受参数驱动,它以基本参数作为变量编写相应的程序来定义图形,这些参数称为零件的基本参数。参数化设计是一种参数驱动机制,而参数驱动机制是基于图形数据的操作,因此,可以对图形的几何数据进行参数化修改,而且在修改的同时还要满足图形的约束条件。从不同的角度来讲,参数化设计有两种不同的表现形式:

(1) 参数化设计意指绘图软件具有参数化功能。如典型的 CAD 软件 Pro/Engineer 和 MDT(mechanical desktop)等。在这些软件里可方便地定义模型和更新显示结果,任何交互式的尺寸改动都会立即导致整个模型的变化,即修改一个尺寸后,图形(包括其他视图)中的相关尺寸都会自动更新。

(2) 参数化设计意指由应用程序(如 Object ARX 程序)生成的图形具有参数化的功能,具体可理解为图形的所有尺寸是参数化的,可动态改动,这一过程是借助应用程序来实现的,即应用程序负责与用户交互,当用户想修改图形的某一尺寸时,应用程序负责更新这一尺寸及其相关尺寸。

5.1.2　参数化设计的关键技术

1. CAD 软件的二次开发技术(以 **Solidworks** 为例)

SolidWorks 软件自带上百个 API 功能函数,使用户能方便地对其进行二次开发。SolidWorks API 接口是通过组件 COM 技术提供的,采用面向对象的方法,所有的功能函数都是有关对象的方法或属性[7]。SolidWorks 中所有的特征、模型都包含在这些对象中。用户可以在高级编程语言环境中编写动态链接库(dynamic link library,DLL),在动态链接库中调用 SolidWorks 中的 API 函数,可实现用户所需要的各种功能,如零件的建模、修改、删除、压缩以及零件特征尺寸的设置、修改与提取等各项功能。用户编写好自己的动态链接库以插件的形式嵌入到 SolidWorks 内部,加载成功后,SolidWorks 软件的菜单栏上将显示其名称,如同 SolidWorks 自带的功能,从而方便快捷地满足用户的需求。

任何支持对象的链接与嵌入(object linking and embedding,OLE)和组件对象模型(component object model,COM)的编程语言都可以作为开发工具,如 VC++,Delphi,VBA,VB,C++ 以及 SolidWorks 内部的宏文件等。我们常用 VC++ 或 VB 来调用自己开发的应用程序,在运用 VB 调用时,只能采用外挂的工作方式,在这种工作模式下 SolidWorks 和用户开发的应用程序之间需要进行前台、后台切换,运行时间长,设计效率低。而使用 VC++ 编程语言调用用户的应用程序是采用内嵌的工作模式,它可以以插件的形式将应用程序嵌入到 SolidWorks 内部,加载成功后 SolidWorks 的菜单上会显示用户开发的应用程序名称,用户可以方便地使用自己开发的新功能。事实上,SolidWorks 软件本身是由 VC++ 开发的,它的类库是由 VC++ 类库生成器生成,继承了 C++ 面向对象的特性,即继承、封装和多态性。在编程的过程中可以派生出大量的新类,这样 SolidWorks 自带的类就可以得到充分的利用。

正是由于 SolidWorks 系统是由 VC++ 开发的,再使用 VC++ 对 SolidWorks 进行二次开发,应用程序嵌入到 SolidWorks 内部不会发生排斥提高了系统的兼容性,实现应用程序与 SolidWorks 环境的无缝结合[8]。

SolidWorks 的二次开发有两种方式:一种是基于自动化技术的,此种技术只能开发 EXE 形式的程序[9];另一种开发方式是基于 COM 的,这种技术可以最大程度地使用 SolidWorks API 函数,生成动态链接库嵌入到 SolidWorks 内部,这种方法实现起来较简单,运行速度快。COM 是一个说明如何建立可动态交替更新组件的规范,它提供了客户和组件为保证能够互操作应该遵循的标准[10]。根据这种标准,多个应用程序之间可以进行参数信息交互。传统软件的应用程序在发行之后,用户在使用过程中发现一些不足想删掉其中某些内容或者想增加一些新功能,必须等到软件发行商推出新版本。这大大限制了软件的使用率,设计人员也频于软件升级方面的研究而忽视了其他方面的创新。在这种情况下 COM 技术应运而生,它是组件对象之间交互的规范,是不同语言协作开发的标准。软件使用者在应用程序发行后仍可以对它进行修改或增添新特性,这大大方便了使用者也使原来的应用程序更加灵活更具动态性。这种组件化程序设计思想应用到软件开发上也可大大提高设计效率,并且能聚集多人的智慧,提高产品的市场竞争力。首先将软件划分成多个功能独立的模块,由不同的设计人员独立开发、编译、调试,再将这些模块组合起来构成完整的软件系统。采用 COM 组件技术来建立 SolidWorks 与用户开发的应用程序之间的通信,程序可以访问 SolidWorks 底层对象来扩充 SolidWorks 的功能[11]。实现 COM 技术有两种方式:一种是编写独立的 EXE 文件,采用外挂的工作模式,称为进程外组件方式;另一种是进程内组件模式,这种模式是采用编写动态链接库的方式实现的。本文采用第二种方式,用户编写具有某些功能的应用程序以独立的动态链接库的形式存在,首先利用 COM 技术将 SolidWorks 和动态链接库建立通信,运行程序后,DLL 文件立刻加载到 SolidWorks 内部,创建具备用户所需要的功能模块,加载成功后,用户既可以使用 SolidWorks 本身的各种功能,也可以使用应用程序实现的功能,这样就对 SolidWorks 进行了二次开发。

2. 参数化技术(以 **SolidWorks** 为例)

参数化技术的概念前文已提及,这里不再赘述。下面讲一下该技术的特点及方法。

首先,传统的 CAD 设计方法在设计机械零部件时一般都是用固定的尺寸值定义几何元素,输入每一条线段都有确定的位置,在修改和编辑已有零件时,只能一个图元一个图元地修改,进行反复的删除、修改、重新建模[12]。虽然传统技术在集合造型和工程图的发展中起到了相当大的作用,但实际应用中,存在许多不足,主要表现在以下方面:

(1) 不能支持设计过程的完整阶段;

(2) 无法支持快速的设计修改和有效地利用前任的设计经验;

(3) 无法很好地支持设计的一致性维护工作;

(4) 不符合工程设计人员的习惯;

(5) 无法支持并行设计过程。

不同于传统设计方法,参数化设计具有以下几个特点:

(1) 基于特征:通常零部件的大小和形状是由尺寸来控制的,将尺寸设为参数变量,通过控制参数值来驱动特征模型,获得不同的几何形状和大小的零件。

(2) 全尺寸约束:模型的尺寸参数需要与几何图形相对应,建立尺寸几何约束关系,保证尺寸全约束,不存在欠约束、过约束现象。

(3) 尺寸驱动:编辑尺寸值驱动几何形状的改变。

(4) 全数据相关:变化一个参数值将自动改变所有与其相关的尺寸参数数据。

目前基于 SolidWorks 系统的参数化设计的方法有三种:

第一种是 SolidWorks 内部自带的参数化方法。这种方法充分利用了 SolidWorks 自身的参数化特征造型功能,首先在 SolidWorks 环境中建立零件的三维模型,系统自动生成建模过程中反映零件模型属性的变量(如零件的尺寸自动以"〈尺寸名称〉@〈特征〉"命名)作为该三维模型的参数,SolidWorks 系统提供两种参数化方法:尺寸与几何模型之间的双向驱动和方程式方法。第一种方法是直接驱动某一个尺寸,而第二种方法在修改一个尺寸时,与之相关联的尺寸也会根据数学方程关系发生相应改变。设计人员可以直接修改参数值在 SolidWorks 系统中驱动零件模型的特征,从而实现 SolidWorks 系统内部的参数化设计。

第二种是程序驱动法。程序驱动法是以独立的应用程序来实现的，SolidWorks API 函数包含了所有的 SolidWorks 造型特征，用户可将零件模型在设计过程中的尺寸关系和拓扑关系融入到程序中去，通过人机交互界面获取零件模型的参数，再将参数传递给程序中的变量，并按顺序调用反映零件尺寸关系和拓扑结构的函数，顺序执行设计模型的表达式，进而实现零件的参数化设计。这种方法是在 SolidWorks 外部进行的，不依赖 SolidWorks 软件本身。这种方法程序代码比较复杂对设计者要求较高，当需要改变零件模型时，输入需要的参数，系统需要重新运行一次程序才能驱动模型，设计速度慢。但一旦开发出参数化设计的程序，将对后续的设计提供极大的方便。

第三种是尺寸驱动法。尺寸驱动法是 SolidWorks 二次开发中较简单的开发方法，它将尺寸标注的变化自动转化成几何形状的相应变化。一个确定的几何形体由约束构成，约束包括两个方面：尺寸约束和结构约束。结构约束是指那些不可被修改的拓扑或其他约束，如平行、相切、垂直、对称等[13]。尺寸约束包含了集合形体的度量信息，它控制了图元的坐标、长度或半径以及图元之间的位置与方向等[14]。因为尺寸驱动技术就是几何形体根据尺寸的约束关系随着尺寸的变化自动地发生相应的变化，变化后零件的拓扑结构保持不变。所以该方法通常用来设计拓扑关系相同而尺寸大小不同的零件。

3. 数据库技术

数据库（database，DB）是一些有组织、结构化、可共享的相关数据的集合，这些相关数据长期存放在计算机存储设备上被视作一个整体来进行储存和管理。数据库具有集成性、共享性、独立性，可减少数据的重复，避免数据的不一致，易于使用，便于扩展。常用的数据库有 Oracle、SQL server 和 Access。本书中的数据库主要应用于存储机床各零件的设计参数和相关尺寸。考虑到本系统对数据库的操作相对简单，与 Oracle 数据库、SQL server 数据库相比较，Access 数据库具有界面友好、易学易用、开发简单、接口灵活等特点，能满足系统要求，因此，选择 Access 数据库用于相关数据的存储和管理。

5.2　基于参数化的可重用设计流程

参数化设计技术为产品模型的可变性、可重用性以及多模块并行设计等提供可能。利用参数化设计手段可以将设计经验、规范等以知识的形式运用到产品标准化、系列化设计中，可以在参考产品设计理念的情况下，实现新产品的再设计。

创建基于参数化的可重用设计系统的关键在于对参数化驱动技术进行研究，这是整个设计系统的核心部分。该方法可以在已建成模型的基础上，通过读取模型结构树上的相关参数，根据设计要求修改变量，更新几何信息生成新产品。此外，该方法也可以针对首次创建的模型，在建立模型前通过结构特点分析，人工提取出需要进行参数化处理的变量,然后利用数据库技术对预先定义的参数进行替换,按照建模标准生成特征模板。一般 CAD 软件参数驱动方法有三种:尺寸约束驱动模型、表格约束驱动模型以及公式约束驱动方法。

(1) 尺寸约束驱动模型的原理是按照设计要求将模型几何信息转化为可修改的具体尺寸参数,从而改变零件的几何形状。此方法既可以在二维工程图设计中应用,还可以在实体间进行布尔操作,其优点是只需符合外形而不必考虑所设定的参数,通过尺寸约束确定特征的相对位置,实现模型的创建。

(2) 表格约束驱动模型是通过调用知识数据库中的数据来完成模型的创建,因数据库中文件是以表格的形式存在的,所以在建模前,必须按照一定规则存储及读取对应表格信息,从而实现参数的预定义。各数据表之间都存在一定的约束关系,将实体模型与表格数据进行连接,访问不同数据表中的数据,实现几何尺寸修改或特征模型的重建。

(3) 公式约束驱动方法是利用 CAD 软件所具有的模型及用户自定义参数的功能,如设计人员可以根据变量间的关系,通过系统所提供工具进行参数的选取及公式的添加等功能,可创建与之相对应的公式来进行约束。因各变量之间有一定的关联性,所以当公式建立后,其中一个变量的改变会使关联参数随之改变,从而生成新的几何模型。

这三种方法在工作流程中具有一定的交叉性,其工作原理是相同的,即将尺寸、表格以及公式作为驱动力,最终实现参数化的可重用设计,工作流程如图 5-2 所示。

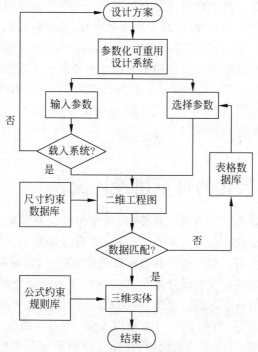

图 5-2　参数化可重用设计流程图

5.3　典型应用案例

目前,滚珠丝杠副在机械传动系统中得到了越来越广泛的应用,种类也越来越多。在对滚珠丝杠副系列产品进行设计的过程中,经常会重复用到结构相同或相似而尺寸不同的一些零件,如丝杠、螺母、反向器、滚珠等。如果每个零件都单独设计,将占用设计人员大量的时间和精力,影响新产品的开发周期,进而制约企业的技术进步和持续发展。本案例针对丝杠和滚珠两个零件,利用参数化技术,建立了参数化设计系统,实现了一个可重用的参数化设计,从而较好地解决系列化零件的快速设计问题。

在设计系统时,人机交互界面的设计采用可视化程序设计语言 Visual Basic 6.0 来实现,绘图系统采用当前流行的 Solidworks 为二次开发平台,丝杠参数之间的传递通过 Access 数据库来完成,用户设计确定的丝杠参数都保存在对应的 Access 数据库中,绘图时直接调用 Access 数据库中的数据。整个系统人机交互界面友好且便于用户操作。

在参数化设计系统中,确定滚珠丝杠的设计方案后,在系统中输入相关参数,通过参数驱动设计,系统可自动生成二维工程图,用以指导生产;根据需要,系统还可创建三维立体图,进行实体建模,使人们更加直观地了解滚珠丝杠的结构特征。

滚珠丝杠的参数化设计过程包括参数确定、二维工程图绘制、三维立体图绘制和丝杠校核。一般地,所有影响滚珠丝杠传动质量的独立设计参数都应作为设计变量。但过多的设计变量,会增加计算的工作量和难度。通常将那些对设计目标影响比较明显的、易于控制的设计参数作为设计变量。对于滚珠丝杠,这里将主要的参数公称直径、基本导程、钢球直径、丝杠底径、丝杠外径、导程角、行程、滚道曲率半径等作为设计变量。

根据生产经验和国家标准[15],滚珠丝杠公称直径 d_0 取值范围: $6 \leqslant d_0 \leqslant 200$,滚珠丝杠的基本导程 p_h 取值范围: $2 \leqslant p_h \leqslant 40$,钢球直径 D_w 与导程 p_h 的比例关系为: $0.6 p_h \leqslant d_w \leqslant 0.66 p_h$,丝杠外径 d_1,丝杠底径 d_2,其中 $d_0 = d_2 + D_w$,导程角(即滚道螺旋升角) $\varphi = \arctan \dfrac{p_h}{\pi d_0}$,一般 $2° \leqslant \varphi \leqslant 7°$,丝杠行程 L 根据设计需求取值,滚道曲率半径 r 取值 $1.04 d_w \leqslant 2r \leqslant 1.11 d_w$。

在参数化设计系统中,建立模型,将这些参数设定为可变参数,在进行设计时,改变这些可变参数的值,然后通过参数驱动设计;用户在改变参数值时,既可以直接输入参数,也可以从已有的丝杠数据库中检索参数。数据库为丝杠参数化设计提供数据支撑,本系统数据库中包含了丝杠参数选型推荐表。

滚珠丝杠的具体参数化设计过程如下,从数据库中调出确定公称直径的滚珠丝杠参数添加到滚珠丝杠几何参数的文本框中,确定一系列可变参数的具体值后,单击图 5-3 界面上的确定按钮。系统调用 SolidWorks 软件进行滚珠丝杠二维工程图和三维立体图的自动绘制,其中,三维图如图 5-4 所示。

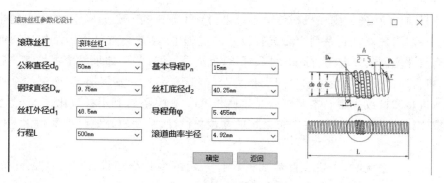

图 5-3　滚珠丝杠参数选择界面

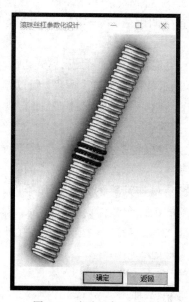

图 5-4　滚珠丝杠三维图

接下来对设计的丝杠进行产量验算和强度校核,查看他们是否符合设计要求,符合要求即可投入生产,不符合要求则重新设计,直到满足条件为止。

基于参数化的可重用设计,应用参数化驱动技术,通过对预先定义的参数进行设置,从而实现新产品的设计,是一种规格性、系列性和高效性的设计技术。利用参数化设计手段可将设计经验、规范等设计知识有效重用,缩短设计时间,提高设计效率和设计柔性,是系列产品设计的有效手段。本书开发的基于参数化的滚珠丝杠可重用设计系统,支持变形化、系列化设计,具有变参数设计功能,从而缩短了设计周期,降低了设计费用,减轻了设计人员负担,大大提高了设计效率,迎合了市场需求。

参考文献

[1]　戴宁生,孔良良.参数化设计的推广与应用[J].机电信息,2007(S1):51-54.

[2]　谢静.建筑工程施工系统三维可视化数字建模研究[D].石家庄:河北工业大学,2010.

[3]　杨超云.基于 CATIA V5 的零件参数化设计及运动仿真[J].汽车零部件,2011(6):55-58.

[4]　胡星星.基于 KBE 的车身覆盖件冲压同步工程关键技术研究[D].长沙:湖南大学,2014.

[5]　吴权石.基于知识的飞机外形特征参数化设计[D].南昌:南昌航空大学,2014.

[6]　丘宏俊.基于知识的飞机装配工艺设计关键技术研究[D].西安:西北工业大学,2006.

[7]　丁梅霞.基于 SolidWorks 的水平直元线犁体模块的研发[D].济南:山东理工大学,2004.

[8]　范卫高.基于 VC++ 的 SolidWorks 标准件库二次开发[J].组合机床与自动化加工技术,2004,5:28-30.

[9]　杨阳.IKV 螺杆的参数化设计[D].北京:北京化工大学,2009.

[10]　张德强.ActiveX 网页控件[J].电脑编程技巧与维护,2007,10:110-112.

[11]　周苑.用 VC++ 对 SolidWorks 进行二次开发[J].内江科技,2005,4:45-47.

[12]　汪列隆,朱壮瑞.参数化设计在模具设计中应用研究[J].机械,2006(7):27-29.

[13]　王玉增.逆向工程中基于图元 Agent 的轮廓线参数化设计[J].机械设计,2008,6:3-5.

[14]　刘雄雁.数控车床图形编程系统软件的开发[D].北京:北京工业大学,2004.

[15]　程光仁,施祖康,张超鹏.滚珠螺旋传动设计基础[M].北京:机械工业出版社,1987.

滚珠丝杠可
重用设计系
统展示视频

第 5 章部分
知识拓展

基于模块化的可重用设计

随着科技的发展和社会的进步,特别是随着经济全球化和信息技术的发展,客户的多样化需求越来越明显。外部需求的多样化容易导致企业内部在设计、制造和维护等过程的多样化,进而导致生产成本的增加和效率的降低。产品模块化技术通过充分识别和挖掘存在于产品和过程中的几何相似性、结构相似性、功能相似性和过程相似性,形成一系列功能和结构模块,提高零部件和生产过程的可重用性,从而帮助企业降低成本和提高效率。因此,模块化技术已经成为当前的研究热点[1-2]。

为了更好地对产品进行可重用设计,在设计初期可以对产品进行模块化处理,针对不同用户的产品需求,进行产品的模块划分,在模块划分完毕后,建立对应的质量屋,对不同的质量屋进行相应的设计,以达到产品的设计、使用、回收的可重用性。

6.1 模块化设计技术

模块化一般是指使用模块的概念对产品或系统进行规划设计和生产组织。产品的模块化设计是在对一定范围内的不同功能或相同功能不同性能、不同规格的产品进行功能结构分析的基础上,划分并设计出一系列模块,通过模块的选择和组合可以构成不同的产品,以满足市场不同需求的设计方法[3]。模块是模块化产品的基本单元[4],是一种实体的概念,如把模块定义为一组同时具有相同功能和相同结合要素,具有不同性能或用途甚至不同结构特征,但能互换的单元。

6.1.1 模块化设计的发展背景及应用

产品的模块化设计始于20世纪初。首先在欧洲出现了模块化家具,然后扩展到机床等行业,其在我国一些企业中也获得了不同程度的应用[3]。

德国的一个家具公司于1900年用模块化原理设计出所谓的"理想书架"。该设计是将书架划分为底座、架体和顶板三种模块,其中架体具有几种不同尺寸,这几种尺寸的架体长度相同,而宽度和高度不同,用户根据要求选择不同的架体组成适合自己需要的"理想书架"。这种书架就是我们已知的最早的按模块化原理设计的产品之一。此后,这种原理逐渐为其他行业所采用,进而总结出模块化设计这一新的概念和方法[3]。

20 世纪 50 年代,欧美的一些国家正式提出"模块化设计"概念,自此以后,模块化设计越来越受到重视。机械制造行业所使用的组合夹具是使用较早、也较成熟的模块化系统,即用已有的夹具模块可组成所需的夹具,而不必单独设计与制造,用后再拆开,以便另行组合。

20 世纪 70 年代末至 80 年代初,模块化设计在我国受到重视,并逐步得到应用。例如,组合家具就是按模块化进行设计、制造和组装的。70 年代末开始,我国机床行业中不少厂家应用模块化设计原理进行新产品的开发或系列设计,取得不少成果。上海市机床研究所、上海仪表机床厂和上海十二机床厂联合组成的"小型精密机床模块化技术研究"课题组,在调查研究的基础上进行了仪表车床的模块化设计。南京机床厂在 N-038 型高效自动车床系列设计中采用了模块化设计方法,共设计出 40 多个模块,可组成 8 种型式和用途不同的机床。东方机床厂应用模块化方法设计轻型龙门铣床,取得了很好的效果。齐齐哈尔第二机床厂采用模块化方法设计万能摇臂铣床系列。北京第一机床厂 1981 年对龙门铣床进行了模块化设计,在缩短设计周期和制造周期上取得了明显的效果。北京第二机床厂对高精度外圆磨床进行了模块化设计,并派生出各种不同的外圆磨床 100 余种。

除机床外,国内在某些机械产品上应用模块化原理已初有成效,并开始在其他机械产品开发上应用模块化设计原理。在减速器、变速器的系列产品开发过程中,也大量应用了模块化结构。杭州汽轮机厂把该原理应用在工业汽轮机上,取得了显著的成效。

随着用户需求及市场环境的不断变化,在新的环境下,模块化设计又被提到了一个新的高度。近年来,随着精益生产、敏捷制造及大批量定制等的兴起,模块化设计的研究和应用再次成为热点[5]。

6.1.2　模块化设计原理

模块化设计的核心思想是将产品进行模块划分后,通过对某些模块进行重新设计或变异设计得到新的产品,以满足客户对产品个性化的需求。

如图 6-1 所示,模块化设计的主要支撑理论有:系统性理论、相似性理论、重用性理论[3]。

图 6-1　模块化设计的主要支撑理论

6.1.3 模块划分方法

模块的划分方法主要分为两种,即面向产品全生命周期的模块划分方法、基于用户需求的模块划分方法。

1. 面向产品全生命周期的模块划分方法

产品设计者对产品进行模块划分时,往往会根据特定的意图从不同的角度进行考虑,由于考虑问题的侧重点不同,会得到不同的模块划分方案。尽管设计者进行模块划分的意图千差万别,但从产品生命周期的角度来看,这些不同的划分角度都是针对生命周期中一个或几个特定阶段的。因此,可以根据模块划分所面向的产品生命周期中的具体阶段,把模块划分分为面向设计的模块划分、面向制造的模块划分、面向装配的模块划分、面向使用和维修的模块划分以及面向回收的模块划分[6]。

面向产品全生命周期的模块划分方法思路:产品功能分解→确定产品全生命周期的相关性指标权重→建立相关矩阵,进行相关度计算→划分成块。如图 6-2 所示,为本书建立的"面向产品全生命周期的模块划分方法"流程模型。

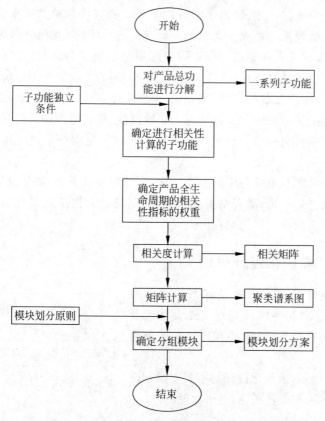

图 6-2　面向产品全生命周期的模块划分方法

2. 基于用户需求的模块划分方法

"基于用户需求的模块划分方法"一般从获取顾客需求出发,往往通过问卷调查、市场调研的方式来获取用户的需求,并通过质量功能展开(quality functional deployment,QFD)等方法将用户的直接需求转化为明晰的产品设计要求;在此基础上进行产品总功能的分解,建立用户需求与工程性能之间的相关矩阵,然后通过矩阵计算求解,再参考模块划分原则实现。

基于用户需求的模块划分方法,如图 6-3 所示,可以分成四个阶段:顾客需求获取、功能分解。矩阵求解以及模块分组。

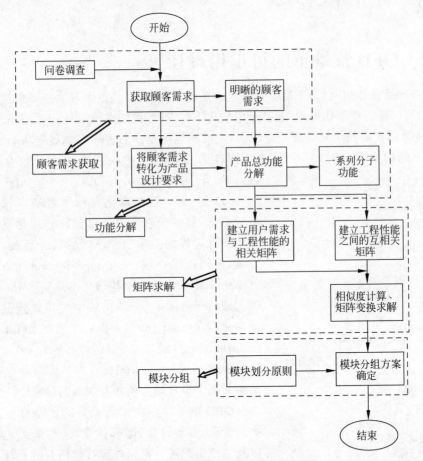

图 6-3　基于用户需求的模块划分方法

一般来说,并没有完全统一的模块划分原则,研究对象不同,侧重点不同,划分的模块也不相同。在模块化设计中,必须结合产品的实际情况,从系统角度出发,运用系统分析方法,以功能分析、分解为基础进行划分,才能达到最好的效果。

模块划分原则是支持模块划分的一个重要依据:第一,模块划分原则要具有一定的通用性,以支持不同条件、不同产品的模块划分;第二,要有较强的可操作性,具有一定的实践意义,能够很好地指导模块划分的工作;第三,要有利于模块的继承,避免重复性劳动;第四,要考虑全面,综合考虑到产品全生命周期的各个阶段。为此总结提出以下四个评价指标。

(1)通用性:指该划分原则对具体产品的依赖性程度。

(2)可操作执行性:指在对产品进行模块划分时,该原则的指导性如何。

(3)模块的继承性:指该划分原则是否考虑到原有产品相对成熟部分单独成块。

(4)面向产品全生命周期性:指该划分原则是否考虑到产品到底是面向生命周期的哪个阶段进行模块划分。

6.2 QFD 背景下的可重用设计

在产品设计初期,为了能够更好地满足顾客需求,并且最大限度地降低生产的成本,可以进行模块化处理,而基于模块化下的设计,更能突出设计的可重用性,如图 6-4 所示。在模块化处理的过程中,主要研究的是产品客户需求域—功能域、功能域—结构域的映射,其中所涉及的较为重要的两种映射方法为公理化设计(axiomatic design,AD)与 QFD。

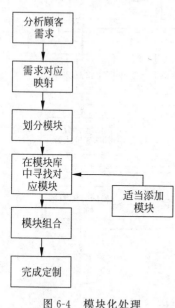

图 6-4 模块化处理

域(domain)是公理化设计中最基本和最重要的概念,贯穿于整个设计过程。公理化设计将整个设计过程划分为四个不同的设计活动,即四个域,分别是用户域(customer domain)、功能域(functional domain)、结构域(physical domain)和工艺域(process domain)。域中的元素分别对应为用户需求(customer needs)、功能要求(function requirements)、设计参数(design parameters)和工艺变量(process variables)。产品设计过程就是相邻两个设计域之间相互映射的过程[4,7]。

QFD 是一种面向市场顾客的产品开发工作中的管理、方案设计、零部件设计、制造工艺计划以及生产组织等一系列过程有机协调的系统化方法,是现代管理和质量工程的核心技术之一。

6.2.1 产品用户需求分析

产品用户的需求分析主要包括以下两个方面:

(1)产品创新过程中需求调研的重要性;

（2）工业设计中的需求转化分析。

产品需求转化过程研究在整个可重用设计中是极其重要的。基于 QFD 的产品需求转化过程的主要步骤如图 6-5 所示。首先确定所要设计产品的目标用户，通过消费者定位分析出目标用户的特点，消费者可以按性别、年龄、收入水平等方式定位，为下一步得到目标用户情感需求奠定基础。通过观察法、问卷法等方法调研获得用户的情感需求，将需求按层次结构分级，并确定其相对重要性。而后通过评估竞争对手，发现设计中的创新点或提取可用的设计创意。接着根据 QFD 原理，将用户需求通过构建质量屋转化为产品设计参数并通过提高与用户的交互性获取动态用户知识，以便用于之后的产品概念设计之中[10]。

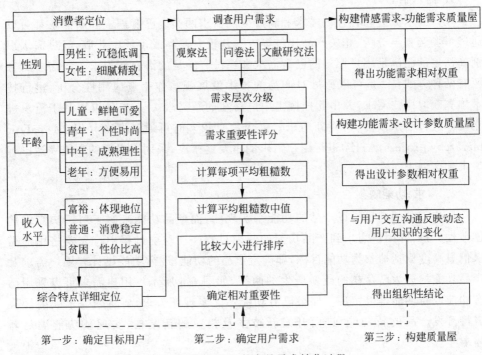

图 6-5　基于 QFD 的产品需求转化过程

为了增加 QFD 过程中"需求-功能-参数"三级映射之间的准确性，降低用户需求与设计参数转化过程之间的模糊性与不确定性，需要增加设计者与产品用户之间的互动沟通，获取和测试任何影响用户购买产品的相关参数的变化。而在进行 QFD 时，用户知识通常是从设计者和用户之间进行单向收集和传递的，难以反映知识的频繁更新。此时，需要通过建立设计者与用户之间的连接、提高双方的交互性，使用户可以直接向设计者传达他们的信息知识。例如，通过互联网交互，基于互联网的虚拟用户社区可以促进设计者在整个新产品开发过程中与用户的沟通和协作；或者使用"引导用户"的协作方法，通过从具有"引导用户"特征的用户那里收集知识来感知前沿市场趋势和创新解决方案，促进用户积极参与新产品的开发，从而使设计者能够为产品创造独特的价值。这些方法将有助于设计者与用户进行更好的沟通,得到影响用户购买产品的相关参数的变化结果后,总结归纳得出组织性结论,以便用于之后的概念设计中,设计出更加符合用户需求的产品。

6.2.2 基于 QFD 的需求-功能映射

在需求-映射过程中,首先要对获取的用户需求信息进行分析,由于需求信息的模糊性、主观性和动态性等特点,需要对用户需求的来源、类别和重要性等信息进行充分的了解[11]。

1. 需求信息分析

用户需求分为已存在的需求和新产生的需求两类。已有需求和新需求都可以通过市场调查与分析、相关产品比较等方式从现有产品或市场中获取,经过需求识别确认目前已满足用户愿望的已有需求和还没有满足的潜在新需求。新需求的来源有两种方式:一是可以通过对产品的技术发展规律作市场应用性分析,进行技术预测获取用户需求,并由此挖掘出用户潜在的新需求[12];二是可以基于需求进化规律进行需求预测,得到新需求。需求信息较多时可通过层次分析法(analytic hierarchy process,AHP)进行用户需求的重要度排序,采用需求树的方式表达已有需求和新需求。

2. 需求-功能映射

用户需求的满足是以产品的功能来实现的,而产品功能来源于对用户需求的创造性分析,即用户需求到产品功能的映射过程。在映射过程中首先要将用户需求信息高度概括抽象为功能目标,即确定产品的功能,进行功能设计。用户需求及产品功能均分为已存在的或新产生的两类,如图 6-6 所示。用户需求可以采用已有功能或新功能得以实现。如果已有功能不能实现新需求,要将新需求映射转换成待开发产品的新功能,进而开发新技术及相应的新结构,实现新功能满足新需求[11]。

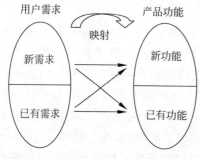

图 6-6 用户需求与产品功能的映射

采用 QFD 方法,通过功能特性规划质量屋中的关系矩阵,可以有效地将用户需求转化为产品的功能要求。产品的功能要求不仅包括产品的内在质量功能,还包括外在的美学功能,如"造型美观""操作方便"等,这些都反映了功能要求的程度。功能要求的确定具有综合性和创新性,需要综合考虑各方面(技术、经济、环境、可靠性等)因素才能确定。通常根据用户竞争性评估和技术竞争性评估结果,通过确定功能要求的目标值以及选择需要优化配置的功能要求项目,在确定功能要求时,一方面通过公理化设计理论的独立性公理保证功能要求的相对独立,使设计达到最佳;另一方面利用 QFD 的功能特性要求配置过程,使开发人员不但能够全面地考虑市场的需求,而且能够将企业生产能力的因素考虑进来,从而降低新产品开发的市场风险。

6.2.3　基于 QFD 的功能-结构映射

从功能域向结构域映射。由上游质量屋选择出的需要配置的功能要求,通过设计参数规划质量屋的关系矩阵进行配置,得到各零部件的设计参数。在质量屋矩阵配置过程中,由于设计方案的多样性,能实现每一种基本功能的机构有多种,必须对各种可行方案进行模糊综合评价,选择出效用价值高的方案为最佳方案,进行零部件的结构设计,降低生产成本,提高生产效率,达到可重用设计的要求。

6.2.4　典型应用案例

在进行机床模块化设计与划分中,从面向设计的角度对机床模块进行分析,即在对数控机床的功能进行分解的基础上,根据不同功能元之间的相关性定性的进行模块聚类,然后按照机床结构将已经聚类的功能模块所对应的零部件进行分解,并根据各零部件的制造与装配关联进行分析,最终,在对两次分析结果进行综合的基础上,实现更加详细与具备不同用途或性能的模块划分和设计。应用 QFD 进行机床造型的可重用设计,建立简化的机床造型质量屋。如图 6-7 所示。其中关系矩阵是描述用户需求与工程措施之间关系程度的矩阵。通常用 r_{ij} 表示第 i 项用户需求与第 j 项工程措施的关系度。当第 i 项用户需求与第 j 项工程措施间存在强关系(●),中等关系(○),薄弱关系(△),完全无关(空白)的关系时,这里的 r_{ij} 分别取 5,3,1,0。工程措施的重要度表示该工程的重要程度,通常用 h_j 表示第 j 项工程措施的重要程度。在质量屋中 h_j 的计算如下:

$$h_j = \sum_{j=1}^{m} k_i r_{ij} \tag{6-1}$$

式中:k_i——第 i 项用户需求的重要度;
r_{ij}——第 i 项用户需求与第 j 项工程措施的关系度。

某机床由于造型设计没有得到足够重视,机床外在质量低,缺乏足够的市场竞争力。现厂商决定投入总资金 1.5 万元,在 60 天内对该机床进行造型再设计,来改变现有机床造型的不足,并且使机床造型最大限度地满足用户需求。其市场调研的情况如下:

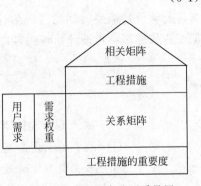

图 6-7　简化的机床造型质量屋

①客户反映该机床的色彩偏暗、功能不够协调，使机床看起来陈旧，既不能满足机床色彩与功能协调的原则，也不能满足机床色彩舒适宜人，从而提高机床工作效率的需求。②机床造型设计烦琐，不能达到简洁的效果。尤其是控制面板外凸、机床车尾外露。③机床滑动门把手横置，不利于施力，控制面板和手柄距离太远，不能达到操作方便的需求。④机床整体线条生硬，不能满足机床造型美观的需求。应用 QFD 对该机床进行造型再设计及其优化步骤如下。

1. 建立机床造型质量屋

根据市场调研情况，总结出市场需求主要为色彩宜人（CR_1）、造型简洁（CR_2）、便于操作（CR_3）、造型美观（CR_4）。针对现有机床造型的不足，结合工业设计原则，再设计的技术措施主要为色彩设计（DA_1）、控制面板内置设计（DA_2）、机床车尾封闭式设计（DA_3）、滑动门把手竖置设计（DA_4）、手柄位置改造设计（DA_5）、机架的流线型设计（DA_6）。考虑到用户需求和工程措施间的关系，建立的造型质量屋如表 6-1 所示。并且由式（6-2）计算了相应的 h_j 值。

表 6-1　机床造型质量屋

客户需求（CR_i）	排序权重 k_i	DA_1	DA_2	DA_3	DA_4	DA_5	DA_6
色彩宜人（CR_1）	0.3	●					
造型简洁（CR_2）	0.2		●	●		○	△
便于操作（CR_3）	0.35	△	○		●	○	
造型美观（CR_4）	0.15			△			●
设计要求的重要度 h_j		1.85	2.05	1.15	1.75	1.65	0.95

2. 求解优化决策模型

假定机床厂商决定进行机床造型再设计投入的总成本为 C，总时间不能超过 T，通过造型质量屋确定满足用户需求的工程措施有 m 项。假设对第 j 项工程措施进行再设计需要费用的区间估计值为 $[c_j^-, c_j^+]$，其中 $c_j^- \leqslant c_j^+$；对第 j 项工程措施进行再设计需要时间的区间估计为 $[t_j^-, t_j^+]$，其中 $t_j^- \leqslant t_j^+$。用 P_j 表示对第 j 项工程措施进行再设计达到的客户满意度水平，则：

$$P_j = \frac{h_j}{\sum_{j=1}^{m} h_j} \quad (j=1,2,\cdots,m) \tag{6-2}$$

式中：h_j——第 j 项工程措施的重要程度。

设 $r_j = \begin{cases} 1, & \text{第 } j \text{ 项工程措施进行再设计} \\ 0, & \text{第 } j \text{ 项工程措施不进行再设计} \end{cases}$

用 M 表示用户需求的总体满意度水平的最大值，则建立机床造型再设计优化决策模型 st 如下：

$$M = \max \sum_{j=1}^{m} p_j r_j$$

$$\text{st} \begin{cases} \sum_{j=1}^{m} [c_j^-, c_j^+] r_j \leqslant C \\ \sum_{j=1}^{m} [t_j^-, t_j^+] r_j \leqslant T \\ r_j = 0, 1 \end{cases} \quad (6\text{-}3)$$

对上述模型进行求解,能够在有限的资源 C 和 T 的条件下,确定实现用户满意度水平最大化的工程措施的组合,从而明确了机床造型再设计的重点。

对于表 6-1 中的机床造型质量屋,造型设计师对于各项工程措施进行再设计的费用和时间的区间估计如表 6-2 所示。

表 6-2 各项工程措施的费用和时间的区间估计

区间估计	$DA_1(j=1)$	$DA_2(j=2)$	$DA_3(j=3)$	$DA_4(j=4)$	$DA_5(j=5)$	$DA_6(j=6)$
费用$[c_j^-, c_j^+]$	$[0.2, 0.3]$	$[0.3, 0.4]$	$[0.3, 0.4]$	$[0.1, 0.2]$	$[0.3, 0.4]$	$[0.5, 0.6]$
时间$[t_j^-, t_j^+]$	$[12, 15]$	$[15, 18]$	$[12, 15]$	$[8, 10]$	$[14, 16]$	$[15, 18]$

根据式(6-2),计算 $p_j(j=1, 2, \cdots, 6)$ 的值依次为:$p_1=0.197$,$p_2=0.218$,$p_3=0.122$,$p_4=0.186$,$p_5=0.176$,$p_6=0.101$。考虑到设计决策者的中间型决策态度,取 $\varepsilon=0$。因此,能够分别计算 c_j 和 $t_j(j=1, 2, \cdots, 6)$,将其代入机床造型再设计决策模型式(6-3),则有:

$$M = \max(0.197r_1 + 0.218r_2 + 0.122r_3 + 0.186r_4 + 0.176r_5 + 0.101r_6)$$

$$\text{st} \begin{cases} 0.25r_1 + 0.35r_2 + 0.35r_3 + 0.15r_4 + 0.35r_5 + 0.55r_6 \leqslant 1.5 \\ 13.5r_1 + 16.5r_2 + 13.5r_3 + 9r_4 + 15r_5 + 16.5r_6 \leqslant 60 \\ r_j = 0, 1 \end{cases}$$

对该模型应用分支定界法求解,得 $r_1=1$,$r_2=1$,$r_3=0$,$r_4=1$,$r_5=1$,$r_6=0$。因此,在现有的资源和时间约束条件下,应该对该机床的色彩、控制面板、滑动门把手和手柄位置进行再设计,使其满足相应的技术要求。对这组工程措施进行造型再设计能够提高机床产品的外在质量,最大限度地满足客户对造型的需求。当然,如果追加资金和时间的投入,可以对机床的车尾进行封闭式再设计和机架的流线型再设计,更好地改善机床的造型质量。

参考文献

[1] 陈谦庄.可定制的产品模块化设计系统研究与开发[D].杭州:浙江大学,2016.

[2] 侯亮,唐任仲,徐燕申.产品模块化设计理论、技术与应用研究进展[J].机械工程学报,2004

第 6 章部分
知识拓展

（1）：56-61.

［3］　祁卓娅.机械产品模块化设计方法研究［D］.北京：机械科学研究总院,2006.

［4］　程强.面向可适应性的产品模块化设计方法与应用研究［D］.武汉：华中科技大学,2009.

［5］　侯亮,唐任仲,徐燕申,等.机械产品柔性模块化设计知识库系统的研究［J］.浙江大学学报（工学版）,2004(1)：45-48.

［6］　肖新华.基于模块化产品实例的变型设计技术研究与实现［D］.天津：天津工业大学,2005.

［7］　梅晓朋.面向客户需求的数控机床模块化设计方法研究［D］.沈阳：东北大学,2015.

［8］　吴若仟,江屏,卢佩宜,等.产品设计中基于质量功能配置的需求转化过程［J/OL］.计算机集成制造系统,2021,27(5)：1410-1421［2020-11-19］.http：//kns.cnki.net/kcms/detail/11.5946.tp.20191104.1140.012.html.

［9］　张建辉,王娟,代金玲,等.基于可拓理论的产品需求-功能映射方法［J］.科学技术与工程,2017,17(24)：166-172.

［10］　丁俊武,韩玉启,郑称德.基于 TRIZ 的产品需求获取研究［J］.计算机集成制造系统,2006(5)：648-653.

第 7 章

基于成组技术的可重用设计

利用成组技术原理指导产品的设计,替代传统的设计方法,是改善设计质量、提高设计效率的一个重要手段。统计表明,当设计开发一种新产品时,往往有80%以上的零件设计可以参考借鉴或直接引用原有的产品图纸,而对车床产品设计而言,可重复利用和借鉴的零部件就更多。成组技术要求在新产品设计中尽量采用已有产品的零件,减少零件形状、零件上的功能要素以及尺寸的离散性,要求各种产品间的零件尽可能相似,尽可能重复使用,不仅在同系列产品之间如此,在不同系列产品之间也尽可能如此。将成组技术应用于产品设计,利用零件的分类编码系统检索出同样功能的零件,可减少产品中相似零件的数目,避免零件的重复设计,减少设计建模及绘图工作[1]。

7.1 成组技术

7.1.1 成组技术的基本概念

成组技术(group technology,GT)是揭示和利用事物间的相似性,按照一定的准则分类成组,同组事物采用同一方法进行处理,以便提高效益的技术,称为成组技术。在机械制造工程中,成组技术是计算机辅助制造的基础,将成组技术用于设计、制造和管理等整个生产系统改变多品种小批量生产方式,从而获得最大的经济效益。

成组技术的核心是成组工艺,它是将结构、材料、工艺相近似的零件组成一个零件族(组),按零件族制定工艺进行加工,扩大批量、减少品种便于采用高效方法,提高劳动生产率。零件的相似性是广义的,在几何形状、尺寸、功能要素、精度、材料等方面的相似性为基本相似性,以基本相似性为基础,在制造、装配等生产、经营、管理等方面所导出的相似性,称为二次相似性或派生相似性[2]。

成组技术不仅适用于零件加工、装配等制造工艺方面,还用于产品零件设计、工艺设计、工厂设计、市场预测、劳动量测定、生产管理和工资管理等各个领域,成为企业生产全过程的综合性技术。

7.1.2　相似性原理简介

在推行成组技术时,首先应明确零件在各项生产活动中应具有哪些相似性或相似特征,零件的相似程度即零件实际上具有的相似性应怎样划分,以及这些相似特征和相似程度之间又有什么联系。对这些问题的描述和有关规定,我们就称为零件的相似原理。它是成组技术的基础[3]。

在各项生产活动中零件应具有的相似性包括两种。一种是产品设计时零件应具有的相似性,在推行成组技术时,产品设计工作主要是考虑改进零件设计,要求零件的功能相似,即某一零件图纸只要所表示的功能与新设计零件的功能相似,则这一图纸可以重复使用,从而减少设计工作量和零件的类型,并为改进工艺工作打下一个良好的基础。另一种是工艺设计及生产作业时零件应具有的相似性,在进行这些活动时要求零件的制造工艺具有相似性,以便按照工艺相似性将零件划分为零件组,从而简化工艺设计工作和合理地组织生产过程。

首先介绍零件的功能相似性,即为设计要素的相似性,也可称为结构相似性。对零件的功能相似性可规定为以下几项:

(1)零件上发挥功能作用的要素相似,简称功能要素相似。功能要素即零件上起功能作用的外圆、内孔、平面、螺孔、键槽、齿形等工作表面或部位。

(2)零件基体的主要外形相似,即基本形状相似,基本形状即表示零件为轴、套、箱体、支架、齿轮等。

(3)零件的功能要素在其基体上的布置排列方式的相似。

(4)影响零件功能作用的零件尺寸及材料的相似。

再来介绍零件的工艺相似性,所谓工艺条件系指工艺过程所能采用的机床设备,所以又可称为所用机床设备的相似性。在分析零件的各项工艺相似性之前,首先要考虑零件工艺条件的相似性。这一相似性又可分为以下两种基本情况:一是工艺条件为使用企业原有的机床设备。此时所考虑的零件的工艺相似性主要是零件在原来加工时所使用的机床是否相同或相似,即将在以前加工时使用相同或相似机床的零件集中起来进行成组加工,而对零件的其他工艺相似性则不另行考虑。二是工艺条件为按照零件工艺过程的需求来选用机床设备,而不受企业原有机床设备的严格控制。在这种情况下所要考虑的零件工艺相似性有以下所要论述的各项,而不考虑所用机床设备的相似性。

(1)零件的加工工序的相似性。即零件上作为功能要素的表面所需加工工序的相似性。这一相似性与零件的功能表面的结构形式有密切关系。

(2)零件的加工方式和安装方法的相似性。零件的加工方式系指刀具相对于功能表面的布置和运动方式;零件的安装方法系指定位夹紧方法。这一相似性与零件的基本形状和主要加工表面的结构有关。

(3)零件上功能表面的加工顺序的相似性。这一相似性与零件的精度有关,特别与零件上有精度要求的尺寸的相互关系有关,它反映了零件的工艺过程尺寸链的相似性。

(4) 零件加工的工艺参数的相似性。主要指所用切削用量的相似性,它与零件的形状、尺寸、材料有关,零件的工艺相似性亦称为工艺要素的相似性。

在产品设计和工艺设计时还要对零件相似程度进行划分,上面根据各项生产活动的特点和需要,提出了机械零件所应具有的各种相似性,但是各种零件实际上所具有的相似性或相似程度是不同的。所以为了使产品设计和工艺设计能做到合理化最优化,必须按照零件相似程度来进行设计工作。因此应先合适地划分零件的相似程度。

在产品设计工作中,零件相似程度可划分为三级:

(1) Ⅰ级设计要素相似零件,即同时具有功能要素、基本形状、功能要素的布置三种相似性的零件。

(2) Ⅱ级设计要素相似零件,即具有功能要素、基本形状两种相似性的零件。

(3) Ⅲ级设计要素相似零件,即只有功能要素一种相似性的零件。

按照以上三级相似程度,可以制订内容详细程度不同的设计指导资料和备用零件图纸,以便改进零件设计工作。

在工艺设计及生产过程中零件相似程度的划分:

(1) Ⅰ级工艺要素相似零件,即具有加工工序、加工方式和安装方法、加工工序的顺序、工艺参数等相似性的零件。

(2) Ⅱ级工艺要素相似零件,即具有加工工序、加工方式和安装方法两种相似性的零件。

(3) Ⅲ级工艺要素相似零件,即只具有加工工序相似性的零件。

此外,在讨论零件的相似性原理时,还要分析零件的功能形状和制造工艺的相似性之间的关系,即一定功能形状的零件具有一定的相应的制造工艺,以便制订一套通用的相似性标准和资料。

7.1.3　机械零件分类与编码

成组技术是一门工程技术,零件相似性分析与编码是成组技术的核心内容,它根据结构、功能、制造工艺和材料等相似性,对产品及零部件进行分类成组以形成零件族,编制适合全组零件的加工工艺,从而扩大产能、减少品种类别。对于企业生产组织的改进、生产效率的提高和经济效益的提高,都具有重大又深远的意义。

1. 零件常用分类成组方法介绍[4-5]

(1) 视检法。是由有经验的人员通过对零件图样仔细阅读和判断,把具有某些特征属性的一些零件归为一类,它的效果主要取决于个人的生产经验,多少带有主观性和片面性。

(2) 生产流程分析法。生产流程分析法是以零件生产流程和加工工艺过程为依据,通过分析进行分类的方法。该方法通常需要较为完整的工艺规程及生产设备明细表等技术文件。通过对零件生产流程的分析,可以把工艺过程相近的,即使使用同一组机床进行加工的零件归为一类。可见此方法对工厂的技术资料要求较高,在行业内部缺乏通用性。

(3) 编码分类法。该方法首先需将待分类的零件进行编码,即将零件的有关设计、制造等方面的信息转成代码(代码可以是数字或数字、字母兼用)。所以,需选用和制定零件分类编码系统。因为零件分配编码系统能够使零件的有关生产信息代码化,有助于计算机辅助成组技术的实施,所以,目前编码分类法成为零件分类成组的主要方法。

2. 常见编码系统介绍

目前,据统计零件的分类法则在世界上已有 70 多种,其中有的描述零件的结构、形状特征,主要用于零件设计,以促进设计的标准化;有的着重描述零件的工艺特征,主要用于计算机辅助设计工艺规程、工艺装备及其有关的加工、制造。一般较常用的分类系统有捷克斯洛伐克的 VUOSO 系统、德国的 OPITZ 系统、日本的 KK-3 系统及我国的 JLBM-1 系统等。这些系统的使用一定程度上表示着该国成组技术在分类上的应用程度。下面,简单对上述几个分类编码系统进行简单的介绍[6]。

1) VUOSO 零件分类编码系统

VUOSO 零件分类编码系统是成组技术中最早出现的零件分类编码系统,由捷克斯洛伐克卡洛茨教授所编订,后来在此系统的基础上,演变出许多编码系统,如德国的 OPITZ 系统,日本的 KK-3 系统等,故都继承了 VUOSO 的一些特点。VUOSO 系统是一个十进制、四位代码的系统。由此可知它是由四个横向分类环节组成,每个横向分类环节下各有自己的纵向分类环节。纵向分类环节上所赋予的分类标志分别用 0~9 十个数字代码表示。VUOSO 系统的基本结构如图 7-1 所示。

VUOSO 系统的第一个横向分类环节称为"类",主要用来区别回转类零件、非回转类零件,以及用除机械加工以外的其他工艺方法(如焊接、弯曲、成型等)所获得的零件。第一个横向分类环节下,设有 8 个纵向分类环节,其中代码 1~5 供回转体(指一般回转体类和带齿形或花键的回转体类)零件用,6 与 7 供非回转体(指不规则形状类和箱体类)零件用,8 供其他工艺方法制成的零件用。在此十进制代码中,尚有 0 与 9 两个代码空着可作备用。VUOSO 系统的第二个横向分类环节称为"级",主要用来区别零件的大小和质量,借此也同时描述零件的基本形状,对于回转体零件,此处采用最大外径 D 以及最大长度 L 与最大外径 D 之比 L/D,便可以很容易地区分回转零件中的盘盖类、短轴与套筒类、长轴类。对于非回转体类零件,此处则利用零件的最大长度 L 以及长宽比 L/B。利用这样的尺寸关系,也可将非回转体类中的杆状、板类和块类等零件区分开来、对于像非回转体类中的箱体、床身等零件,这里用质量来表示该类零件的大小轻重。根据质量可以考虑所需生产设备的规格,特别是加工过程中的起重运输设备的规格。VUOSO 系

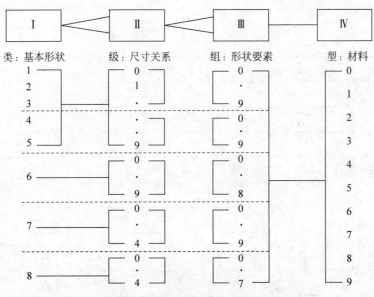

图 7-1　VUOSO 零件分类编码系统的基本结构

统的第三个横向分类环节称为"组"，主要是在上述两个横向分类环节所确定的零件基本形状的基础上，进一步描述零件结构形状的细节。对于一般回转体零件而言，即第一个横向分类环节上的代码1、2和3，对应着第三个横向分类环节的一组纵向分类环节。而第一个横向分类环节上的代码4和5，对应着第三个横向分类环节的另一组描述齿形和花键的纵向分类环节。VUOSO系统的第四个横向分类环节称为"型"，主要用来标示零件所用的材料和毛坯种类。VUOSO系统的第一、二、三个横向分类环节都是关联环节，使得系统能在横向环节少的情况下尽可能获得较多的纵向环节总数。第四个横向分类环节是独立环节。它并不属于前面的横向分类环节。

2）OPITZ 零件分类编码系统

OPITZ 零件编码系统是一个十进制的九位代码的混合结构分类编码系统。OPITZ系统的基本结构如图7-2所示。这一系统前面五个横向分类环节主要用来描述零件的基本形状要素。第一个横向分类环节主要用来区分回转体与非回转体类的零件类别。对于回转体类零件，它用 L/D 来区分盘装、短轴和细长轴类零件；接着提出了回转体类零件中的变异零件和特殊零件。对于非回转体类零件，则用 A/B 与 $A/C(A>B>C)$ 来区分杆状、板状和块状类零件。同样，在非回转体零件中也考虑特殊形状零件。系统的第二个横向分类环节至第五个横向分类环节，则是针对第一个横向分类环节中所确定的零件类别的形状细节，作进一步的描述并细分。对于无变异的正规回转体类零件，则按外部形状→内部形状→平面加工→辅助孔、齿形与成型加工的顺序细分。对于有变异的回转体类零件，则按照总体形状→回转加工→平面加工→辅助孔、齿形与成型加工的顺序细分。对于非回转体类

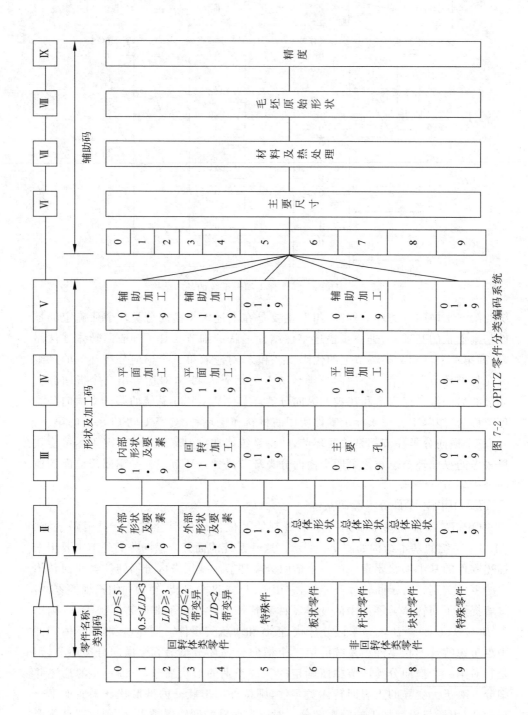

图 7-2 OPITZ 零件分类编码系统

零件,则按总体形状→主要孔→平面加工→辅助孔、齿形与成型加工的顺序细分。至于回转体类与非回转体类中的特殊零件,则按照第二至第五个横向分类环节的分类标志内容均留给用户按各自产品中的特殊零件结构工艺特征来确定。

OPITZ 系统的辅助码部分,实际上是一个公用部分。这一部分的横向分类环节皆为独立环节,与其前面的所谓主码部分互不相干。辅助码部分从第六个横向码开始,用来划分零件的主要尺寸。对于回转体类零件是指其最大直径;对于非回转体类零件则指其最大长度。第七个横向分类环节是以材料种类作为其分类标志的,但也附带考虑部分热处理信息。第八个横向分类的分类标志是毛坯的原始形状。第九个横向分类环节是说明零件加工精度的分类标志。其作用在于提示零件上何种加工表面有精度要求,以便在安排工艺时加以考虑。

3) KK-3 零件分类编码系统

KK-3 系统是一个供大型企业用的十进制十五位代码的混合结构系统,其基本结构如表 7-1、表 7-2 所示。KK-3 系统和常见的分类编码系统一样,首先将零件分成两大类,即:回转体和非回转体类。在 KK-3 系统中,最前面七个横向分类环节的分类标志,对于两类零件来说,基本上是相同的。但是,从第八个横向分类环节开始,这两类零件便各自有自己独立的一套关于各部形状和加工的分类表,彼此不得混淆。

表 7-1　KK-3 机械加工零件分类编码系统基本结构(回转体)

分类项目	名称		材料		主要尺寸		外部形状及尺寸比	外部形状及加工									精度
								外表面							辅助孔		
	大类	细类	大类	细类	长度 L	直径 D		轮廓形状	同心螺纹	功能槽	不规则形状	成型表面	周期性表面	端面	规则排列的孔	特殊孔	非切削加工	

表 7-2　KK-3 机械加工零件分类编码系统基本结构(非回转体)

码位	I	II	III	IV	V	VI	VII	VIII	IX	X	XI	XII	XIII	XIV	XV	XVI	XVII	XIX	XX	XXI
分类项目	名称		材料		尺寸		外部形状及尺寸比	各部形状及加工												精度
								弯曲形状		外表面				主孔		辅助孔			
	粗分类	细分类	粗分类	细分类	长度 A	长度 B		弯曲方向	弯曲角度	外平面	外曲面	主成型表面	周期表面与辅助成型面	方向与阶梯	螺纹与成型面	端面	方向	形状	特殊孔	非切削加工

4) JLBM-1 零件分类编码系统

JLBM-1 系统的基本结构如图 7-3 所示,它是一个十进制十五位代码的混合分

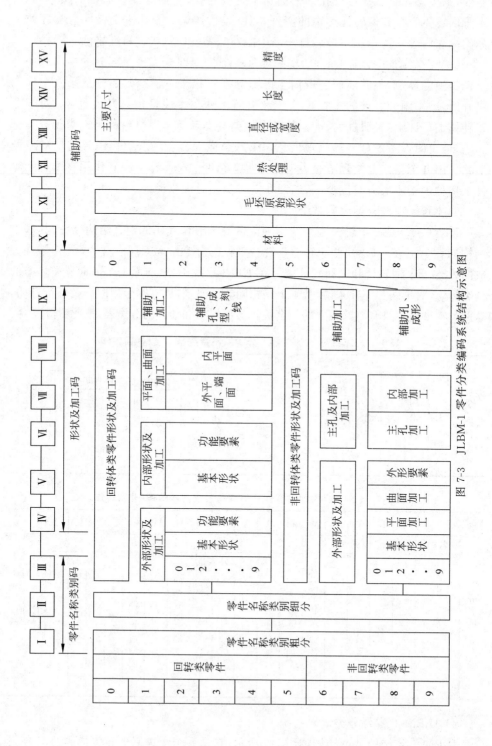

图 7-3　JLBM-1 零件分类编码系统结构示意图

类编码结构。其结构与 OPITZ 系统与 OPITZ 系统是基本相同的,只是为了弥补
OPITZ 系统的不足,把 OPITZ 系统的形状加工码予以补充,把 OPITZ 系统的形
状类别码改为零件功能码,把热处理标志从 OPITZ 系统的材料码中独立出来,主
要尺寸码也由原来的一个环节扩大为两个环节。因为系统采用了零件的功能名称
码,所以说它吸取了 KK-3 系统的特点。扩充形状加工码的做法也和 KK-3 系统的
想法相近。

JLBM-1 系统除了由于形状加工的环节,比 OPITZ 系统可以容纳较多的分类
标志外,在系统的总体组成上,要比 OPITZ 系统简单,也易于使用。JLMB-1 系统
主要的不足在于把设计所需的环节分散布置。它的辅助码部分环节都是和设计有
关的,而且这类环节上的分类标志是比较稳定的,如材料、毛坯原始尺寸、主要尺
寸、热处理等变化较少。这类稳定而少变的环节应该尽量放在系统最前面。否则,
如形状加工这类需要调整和变动的环节在编码的中间,系统扩充环节时,就需要改
动那些辅助环节的位置。

3. 零件分类编码系统的信息分析

通过对上述的编码系统的了解可以看出,编码设计(包括软件设计)的思路尽
管各有不同,但是大致可以归纳为图 7-4 所示的流程。

成组技术编码系统的结构是多种多样的,
但是就其结构形式归纳起来,不外乎三种,即链
式结构、树式结构和混合结构。

链式结构的各码位之间的关系是并列的、
平行的,每个码位内各特征码具有独立的含义,
与前后位无关;树式结构的各位码之间是隶属
关系,即除第一码位内的特征项外,其他码位特
征的确切含义都要根据前一位来确定;混合结
构分类编码系统兼有链式结构和树式结构的长
处,许多零件分类编码系统都是由混合环节组
成的。

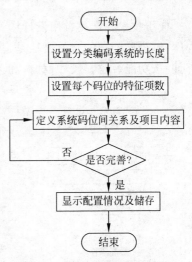

图 7-4　编码系统配置流程图

若系统有 M 码位,每个码位内的特征项数
为 N,系统中拥有关联环节数为 L,则链式结构
的信息容量为

$$S_1 = MN$$

树式结构的信息容量为

$$S_2 = \sum_{i=1}^{M} N^i$$

混合式结构的信息容量为

$$S_3 = (M-L)N + \sum_{i=1}^{L} N^i$$

由此可知,当 M 与 N 的数值一定,则树式结构所包含的信息数量最多,混合结构次之,链式结构最少。但是由于树式结构各码位的代码所包含的信息不是固定的、唯一的,而要受前一位的管辖,因此不便记忆和使用,而链式结构正好与其相反,便于记忆但信息容量少,所以多采用两者兼有的混合式结构。如德国的 OPITZ 系统是一个十进制九个码位的混合结构分类编码系统,其结构简单、系统性好、信息排列规律性强,便于使用和记忆,但分类标志不全,易产生多义性。日本的 KK-3 系统是个供大型企业用的十进制二十一个码位的混合结构系统,采用了零件的功能和名称作为标志,便于设计部门检索,并大量采用了"三要素完全组合"排列原则使零件分类更加明确,但有些码位及特征项出现率较低,会出现不少"房间"没零件"住"的现象。

7.2　基于成组技术的零件可重用设计

7.2.1　零件的可重用设计步骤

成组技术在产品重用设计中的应用,其关键问题是建立易于检索和管理的零件库,解决该问题的有效途径是运用成组技术,在零件库的建库过程中将零件(或部件)按功能、结构、尺寸、材料和工艺等特征分类编码,按相似性标准将零(部)件整理归纳和分类成组,将带有成组编码信息的三维模型存放于零件库。以后在进行具体零件设计时,根据其成组编码进行相似度比较检索,对检索出的实例模型进行参数和结构特征的编辑修改,即可得到新零件的三维模型及二维工程图。其流程如图 7-5 所示。

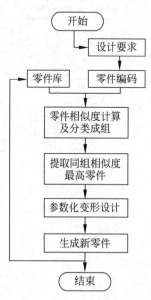

图 7-5　基于成组技术的可
重用设计流程图

7.2.2　零件的相似系数计算

成组技术的建模方法之一是矩阵表示方法[7],例如,建立机床-零件的关联矩阵 $A=[a_{ij}]$ 矩阵的行号代表机床号,列号表示零件号。矩阵的元素只取 0 或 1。$a_{ij}=1$,表示机床 i,加工零件 j,否则 $a_{ij}=0$。设 A 是如前已建立的 $m \times n$ 关联矩阵。A 的转置矩阵记为 A^T,令 $B^{(1)}=AA^T$,以 x^i 记矩阵 A 的第 i 行行向量 $(i=1,2,\cdots,m)$,则 $B^{(1)}$ 的元素 $b_{ij}^{(1)}(i,j=1,2,\cdots,m,i \neq j)$,表明了 $x_i \bigcap x_j$ 含"1"的元素的个数。令 $B^{(0)}=\overline{A}\overline{A}^T$,其中 $\overline{A}$ 的每一个元素是 A 的元素求反,

则 $B^{(0)}$ 的元素 $b_{ij}^{(0)}(i,j=1,2,\cdots,m,i\neq j)$，表明了 $x_i\bigcap x_j$ 含"0"的元素的个数。令 $D=B^{(1)}+B^{(0)}$，则 $\boldsymbol{D}$ 的元素 $d_{ij}(i,j=1,2,\cdots,m,i\neq j)$，表明了 $x_i\bigcap x_j$ 共同"0"与共同"1"的个数之和。显然 $d_{ii}=n,(i=1,2,\cdots,m)$。相似性系数定义为 $S_{ij}=d_{ij}/n$，它刻划了机床 i 与机床 j 加工零件工况的相似性。计算 S_{ij} 时，由于矩阵的对称性，只要计算 $B^{(1)},B^{(0)},\boldsymbol{D}$ 的主对角线右边的元素，即可得到 S_{ij}。根据 10 种零件的生产工艺建立机床-零件矩阵，如表 7-3 所示。

表 7-3　机床-零件矩阵

零件\机床	SFX004	SFX005	SFX011	SFX057	SFX066	SFX081	SFX084	SFX085	SFX089	SFX095
001	1	1	1	0	0	0	0	0	0	0
002	0	0	0	1	1	0	0	0	0	0
003	0	0	0	0	0	1	1	1	1	1
004	1	1	1	1	1	0	0	0	0	0
005	1	1	1	1	1	0	0	1	0	0
006	1	1	1	1	1	0	0	1	0	0
007	1	1	1	1	1	1	1	1	1	1
008	0	0	0	0	0	1	1	1	1	1
009	1	1	1	1	1	1	1	1	1	1
010	1	1	1	1	1	0	0	0	0	0
011	1	1	1	1	1	1	1	1	1	1
012	0	0	0	0	0	0	0	1	0	0

针对表 7-3 的机床-零件矩阵，以 SFX004 对其他零件相似系数计算为例，相似系数计算如下：

$$S_{004\sim005}=8/(8+8-8)=8/8=1.0$$

$$S_{004\sim011}=8/(8+8-8)=8/8=1.0$$

$$S_{004\sim057}=7/(8+8-7)=7/9=0.78$$

$$S_{004\sim066}=6/(8+7-6)=6/9=0.67$$

$$S_{004\sim081}=4/(8+6-4)=4/10=0.40$$

$$S_{004\sim084}=4/(8+7-4)=4/11=0.36$$

$$S_{004\sim085}=4/(8+6-4)=4/10=0.40$$

$$S_{004\sim089}=4/(8+6-4)=4/10=0.40$$

$$S_{004\sim095}=4/(8+6-4)=4/10=0.40$$

因此，对于新设计的零件，计算相似系数 S_{ij} 就可以确定零件库中与该零件相似度最高的零件，之后便可根据该零件进行参数化变型设计，设计出满足设计需求的新零件。

7.2.3 零件的参数化

关于零件的参数化变型设计,详见本书第 5 章。

7.3 典型应用案例

下面以车床的可重用设计为例,介绍成组技术在其中的运用。

首先,将全部产品零件划分为标准件、通用件、重复使用件、相似类型件、特殊件等。并通过成组技术建立起一个整体的零件实例库。实例库的建立过程如图 7-6 所示。

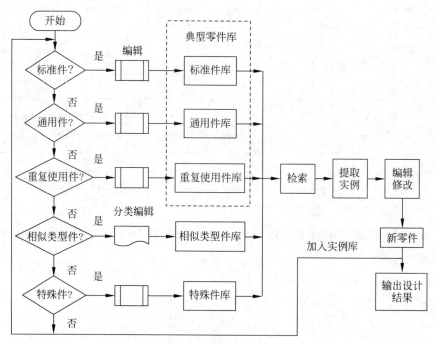

图 7-6　实例库的建立

基于成组技术的车床可重用设计实际上是基于实例的类比推理,是利用人们以往求解类似问题的经验知识进行推理,从而获得当前问题的求解结果。其推理在两个相似实例间进行,一个是已知实例,是过去已完成且与当前问题相似的实例集合中的一个,记为 O;另一个是当前需要解决的问题,记为 D。如果其相似度 $S=f(P_d,P_o)\geqslant\delta$,则称实例 D 与 O 相似,由此推断出待求解设计实例 D 的解向量 R_d 与已知设计实例的解向量 R_o 相似,可记为 $R_d\approx R_o$,即

$$rd_i \approx ro_i \quad i \in (1,2,\cdots,n)$$

式中:r——相似度计算策略,典型的算法有最相邻策略、归纳推理策略及对照匹

配策略;

δ——相似判据,通常由领域专家给出。

对于定性描述的属性,如果相似,则可假设其相似度为 3/4。对于定量描述的属性,如果相似,其相似度可计算为

$$1 - \Delta d / \Delta r$$

式中:Δd——新旧实例属性值的差的绝对值;

Δr——相似定义中的相似范围。

例如,在轴承设计中,新实例的轴向载荷是 10kN,相似实例的轴向载荷是 12kN,相似定义中定义的轴向载荷的一个相似区间是 9～14kN。因此,可知这两个实例的轴向载荷是相似的,其相似度为

$$1 - \frac{|10 - 12|}{|14 - 9|} = 0.6$$

对检索出的实例能否满足新的应用,要进行相似性评价和约束检查,当两实例的相似度 $S = f(P_d, P_o) \geqslant \delta$ 时,说明新的设计问题与已有设计方案极为接近,可以接受该实例作为新设计的一个解;接着检查设计约束,以确定该实例是否可接受;这里的设计约束既有几何方面的要求,也有性能方面的要求。若各约束均满足,则可将新实例加入实例库中,并输出设计方案;否则,需进行再设计[8]。

参考文献

[1]　蔡建国.成组技术[M].上海:上海交通大学出版社,1996.

[2]　杨宏波.基于成组技术的制造单元规划设计的研究[D].南京:南京航空航天大学,2003.

[3]　段守道.机械零件的相似原理与成组技术[J].北京机械,1982(2):5-7+12.

[4]　许惠香,蔡建国.成组技术[M].北京:机械工业出版社,1993.

[5]　刘志存.分枝-聚类法存在问题及改进[J].成组技术与生产现代化,2001,18(2):29-32.

[6]　郑建鑫.基于成组技术的零件分类编码研究[D].上海:上海交通大学,2009.

[7]　裘聿皇.成组技术与相似性系数[J].自动化学报,1999(2):135-138.

[8]　姜大志,孙俊兰.成组技术在产品快速设计系统中的应用[J].机械设计,2005(8):57-59.

第 8 章

基于实例推理的可重用设计

实例推理(case-based reasoning,CBR)作为基于规则推理技术的一个重要补充,已受到人们越来越广泛的关注。它是当前人工智能及机器学习领域中的热门课题与前沿方向。近年来,CBR 系统应用越来越普遍,已广泛应用于电路、机械设计、故障诊断、医疗诊断、企业决策、法律、农业、气象、软件工程等各个领域。将可重用设计方法应用于产品的快速设计过程,围绕实例推理技术,对相似实例进行检索,得到最为相似的实例,可以实现设计知识的有效重用,显著提高产品的设计效率。

8.1 实例推理技术

8.1.1 实例推理技术的基本概念

CBR 技术是为了充分利用人类的经验知识,将人类以往处理某类问题的经验作为现在处理这类相似问题的参考。其核心是,在问题求解时直接利用以往的成功经验。CBR 系统利用实例库中存储的先前解决类似问题的办法进行推理,实例库可以从某个知识丰富的数据库中抽取,也可以通过各种知识获取(knowledge acquisition)方法来得到。CBR 系统从过去的经验出发进行推理,能够通过引用实例解释其推理,如果实例库中没有现成的精确的解法,CBR 系统会作出调整并给出一个近似的解法,系统用检索或匹配机制来判定实例间的相似性,几乎不需要抽取专家知识。

实例推理过程如图 8-1 所示,新实例的求解依赖于实例库中成功的实例及已总结的设计经验。在 CBR 系统中,出现一个新实例,首先按照相似度计算法从实例库中检索出与之最相似的实例,将之重用为新问题的推荐解,再利用设计经验及新实例自身的特点对此进行修正,通过验证后得到最终解,最后将其存储在实例库中作为成功的学习实例指导以后的设计[1-2]。

CBR 技术在产品设计领域的应用,克服了传统的基于规则的专家系统和基于模型推理系统的缺陷。知识系统在设计领域已应用多年,特别是专家系统在 CAD 中的应用大大推动了智能 CAD 的发展,但知识的获取历来是专家系统的瓶颈问题,更不用说存在于专家头脑中的潜在知识。基于实例的推理方式,以实例为知识表示的载体,实例的获取远较规则的获取容易得多,而且实例中所表现的专家知识也远比规则方式丰富得多。这为新一代基于知识的工程提供了更加智能化、快速化的工具。

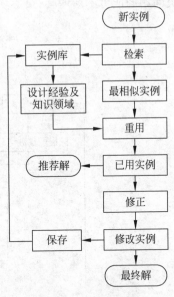

图 8-1　CBR 示意图

CBR 技术主要具有如下优点[3]:

(1) 基于实例推理的设计系统能有效地利用已有的成功经验,避免了从起点产生新问题的解,大大缩短了寻求最终解决方案的时间。

(2) 容易实现以任务为驱动、自上而下的设计方案。以成功的设计实例作为设计所需知识进行表达,过滤了许多低层的元知识,突出了与任务直接相关的上层知识,设计实例的功能和性能表现为回溯与新设计相关的成功实例提供了线索。

(3) 基于实例推理的系统易于开发。因为知识的表达、存储和索引更加简洁和清晰,即使是对非结构化的应用领域,以实例为系统知识的方案也行之有效。

(4) 知识获取变得相对容易。因为知识获取过程被简化为对成功实例的收集和记录,知识的积累仅仅是将新问题的解插入到实例库中。

8.1.2　实例推理求解问题的基本步骤

CBR 是一种相似类比推理方法,是以过去成功的实例为基础进行修改,从而求解当前问题的一种推理模式。它强调人们在解决新问题时,检索出相似度最高的实例,对其提取和修正,满足要求后,作为新的实例存储于实例库中,便于下次实例的检索和使用。基于 CBR 的问题求解步骤包括:实例检索、实例修改(即参数化变型设计)、实例评价和实例更新。如图 8-2 所示,首先建立实例库,包括模型库和数据库两部分,设计人员输入设计要求,系统从数据库中提取相应参数计算相似度,选择与当前要求相匹配并具有最大相似度的实例模型。复制该模型并提取模型信息,找出差异模块,修改差异模块的参数,系统会自动进行实例修改,即参数化变型设计。最后,进行实例评价,如果模型满足设计要求,则生成该模型序列号,并作为新实例存入模型库,同时,将该模型的参数信息存入数据库。如不满足,则再次修改。CBR 技术具有自主学习和积累知识的能力,实例修改后如果满足评价条件,则扩充实例库来不断积累成熟实例,从而提高了系统的推理效率,同时,系统解决问题的能力不断增强,最终实现产品的智能设计。

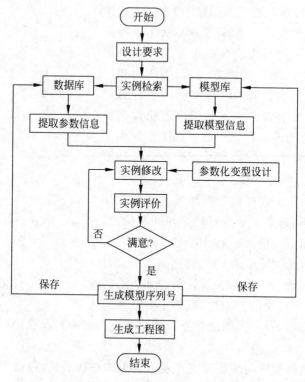

图 8-2　实例推理流程图

8.2　基于实例库的可重用设计

相似度计算总体框架如图 8-3 所示,首先根据确定属性和模糊属性的相似度计算模型,计算出实例之间各类属性的相似度矩阵;然后利用主观权重和客观权重结合得到组合权重;再根据相似度矩阵和组合权重得出每个实例的全局相似度;接着可通过比较得到与新实例最相似的实例[4]。

实例属性值描述具体可细分为五种[5]:确定型数值 CN,确定型符号 CS,模糊型数值 FN,模糊型区间 FI 以及模糊型符号 FL。

首先,对于确定属性类型的相似度计算模型,一般情况下,CBR 系统会将欧氏距离和海明距离作为相似度计算方法。

$$\mathrm{sim}(x,y)=1-\mathrm{dist}(x,y)=1-\sqrt{\sum_i w_i^2 \mathrm{dist}^2(x_i,y_i)} \tag{8-1}$$

式(8-1)为欧氏距离计算公式;

$$\mathrm{sim}(x,y)=1-\mathrm{dist}(x,y)=1-\sum_i w_i \mathrm{dist}(x_i,y_i) \tag{8-2}$$

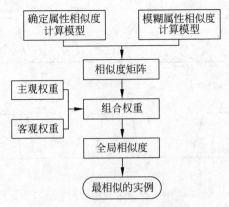

图 8-3 相似度计算总体框架

式(8-2)为海明距离计算公式。

其中，x 和 y 代表计算相似度的两个实例；w_i 是第 i 个属性的权重，$i=1,2,$
$3,\cdots,n$，n 为实例的属性总数；$\mathrm{dist}(x_i,y_i)$ 通常表示为

$$\mathrm{dist}(x_i,y_i)=\frac{|x_i-y_i|}{|M_i-m_i|} \tag{8-3}$$

其中，x_i 和 y_i 是计算相似度的两个实例中的第 i 个属性值；对于属性类型为 CN，
M_i 和 m_i 分别代表第 i 个属性值的最大值和最小值；对于属性类型为 CS，若
$\mathrm{dist}(x_i,y_i)=0$，即 $x_i=y_i$，说明两个实例一致，否则，$\mathrm{dist}(x_i,y_i)=1$，说明两个
实例完全不同。

对于模糊属性类型的相似度计算模型，式(8-1)已不适用于模糊属性的实例检
索中，另外，精确性和简便性也是其考虑的主要因素，故我们采用面积比法的相似
度计算模型，这种方法既精确又简便，其公式如下：

$$\mathrm{sim}(x_i,y_i)=\frac{A(x_i\cap y_i)}{A(x_i\cup y_i)}=\frac{A(x_i\cap y_i)}{A(x_i)+A(y_i)-A(x_i\cap y_i)} \tag{8-4}$$

其中，A 代表对应隶属函数的区域面积，$x_i\cap y_i$ 代表两个模糊属性域的交集，$x_i\cup$
y_i 代表两个模糊属性域的并集。针对属性值类型为 FN 和 FI，可描述为图 8-4 中
的五种类型。下面介绍针对这五种类型开发的模糊相似度计算方法 FSM[6-7]
(fuzzy similarity method,FSM)。

FSM //针对两个模糊属性 x_i 和 y_i 的相似度计算方法

$1: c_{xi}=\dfrac{(a+\bar{a})}{2},c_{yi}=\dfrac{(b+\bar{b})}{2}$ //计算两个模糊集的中点

$2:$ if $c_{xi}>c_{yi}$,then change c_{xi} and c_{yi},end if

$3: x_i^*=\dfrac{(qb+r\bar{a})}{r+q},y_i^*=1-\dfrac{x_i^*-\bar{a}}{q}$ //计算交汇点 (x_i^*,y_i^*)

$4:$ if $y_i^*\leqslant 0$,then $A(x_i\cap y_i)\leftarrow 0$,$\mathrm{sim}(x_i\cap y_i)\leftarrow 0$ //属于类型(a)

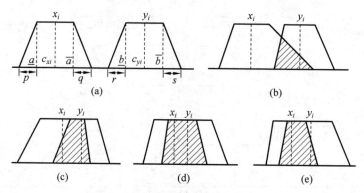

图 8-4　两个模糊集的不同相似度类型

5: else $A(x_i) \leftarrow \dfrac{(2\bar{a}+q-2\underline{a}+p)}{2}, A(y_i) \leftarrow \dfrac{(2\bar{b}+s-2\underline{b}+r)}{2}$ //计算 $A(x_i), A(y_i)$

6: if $0 < y_i^* < 1$, then $A(x_i \cap y_i) \leftarrow \dfrac{(\bar{a}+q-\underline{b}+r)y_i^*}{2}$ //属于类型(b)

7: else　//属于类型(c)、(d)或(e)

8: if $\bar{a}+q < \bar{b}+s$ 且 $\underline{a}-p < \underline{b}-r$ //属于类型(c)

9: $A(x_i \cap y_i) \leftarrow \dfrac{(2\bar{a}+q-2\underline{b}+r)}{2}$ else $A(x_i \cap y_i) \leftarrow \min(A(x_i), A(y_i))$ //属于类型(d)或(e)

10: end if

11: end if

12: $\text{sim}(x_i \cap y_i) \leftarrow \dfrac{A(x_i \cap y_i)}{A(x_i)+A(y_i)-A(x_i \cap y_i)}$

13: end if

14: end_of_FSM

如果属性类型为 FI,计算相似度时对于 c_{xk} 和 c_{yk} 中点间的距离也要考虑。综合以上分析,全局相似度计算模型如下:

$$\text{SIM}(X,Y) = \sum_i w_i \text{sim}_{\text{CS}}(x_i, y_i) + \sum_j w_j \text{sim}_{\text{CN}}(x_j, y_j) +$$
$$\sum_k w_k (\varepsilon_{k1} \text{sim1}_{\text{FNI}}(x_k, y_k) + \varepsilon_{k2} \text{sim2}_{\text{FNI}}(x_k, y_k)) +$$
$$\sum_l w_l \text{sim}_{\text{FL}}(x_l, y_l) \tag{8-5}$$

其中式(8-4)用以计算相似度 $\text{sim1}_{\text{FNI}}(x_k, y_k)$,另外:

$$\text{sim}_{\text{CS}}(x_i, y_i) = \begin{cases} 1, & x_i = y_i \\ 0, & x_i \neq y_i \end{cases}$$

$$\text{sim}_{\text{CN}}(x_j, y_j) = 1 - \text{dist}(x_j, y_j) = 1 - \frac{|x_j - y_j|}{|M_j - m_j|}$$

$$\text{sim2}_{\text{FNI}}(x_k, y_k) = 1 - \text{dist}(c_{xk}, c_{yk}) = 1 - \frac{|c_{xk} - c_{yk}|}{|M_{ck} - m_{ck}|}$$

这里 M_j, m 分别是第 j 个属性值的最大值和最小值；M_{ck}, m_{ck} 分别是第 ck 个属性值的最大值和最小值。w_i, w_j, w_k, w_l 是每个属性类别的权重，并且：

$$\sum w_i + \sum w_j + \sum w_k + \sum w_l = 1; \; i = 1, \cdots, n_1; \; j = n_1 + 1, \cdots, n_1 + n_2;$$
$$k = n_1 + n_2 + 1, \cdots, n_1 + n_2 + n_3; \; l = n_1 + n_2 + n_3 + 1, \cdots, n_1 + n_2 + n_3 + n_4; \; n_1,$$
n_2, n_3 和 n_4 分别是 CS,CN,FI,FL 的属性个数。

下面介绍属性的权重计算：

在实例检索过程中各属性主观评价和客观反映的重要程度是通过权重来度量的，其性质可以分两类[8-9]：第一类为主观权重，表示为 $w^{(1)} = \{w_1^{(1)}, w_2^{(1)}, \cdots, w_m^{(1)}\}$，体现为属性自身的特点或设计者对各属性的偏好；第二类为客观权重，表示为 $w^{(2)} = \{w_1^{(2)}, w_2^{(2)}, \cdots, w_m^{(2)}\}$，体现为属性自身特点影响方案的结果，客观权重是基于属性值对方案影响能力的强弱，因而不论属性自身的重要程度如何，应根据属性对方案影响的能力来对客观权重系数赋值。因此，应将主观权重和客观权重结合为组合权重，即 $w = f(w^{(1)}, w^{(2)})$，这样可以综合反映出属性对检索结果的影响能力。下面着重介绍计算客观权重 $w^{(2)}$ 的方法。

令新实例为 X，实例库中的实例为 $\{y_1, y_2, \cdots, y_i, \cdots, y_n\}$，$s_{ij}$ 为 X 和 y_i 的第 j 个属性的相似度，则新实例 X 与实例库中所有实例的属性相似度构成相似度矩阵：

$$S = \begin{bmatrix} S_{11} & S_{12} & \cdots & S_{1m} \\ S_{21} & S_{22} & \cdots & S_{2m} \\ \vdots & \vdots & & \vdots \\ S_{n1} & S_{n2} & \cdots & S_{nm} \end{bmatrix}$$

由客观权重的性质可知，相似度之间的差异可判断出属性对检索结果的影响力。针对第 j 个属性，若相似度 $s_{ij}(i = 1, 2, \cdots, n)$ 相互间差异较小，应给予较小的权重系数，因为该属性对实例检索的影响力小；若 s_{ij} 间有较大差异，则该属性对其影响力大，应给予较大的权重系数，而不论其主观权重系数如何。

综合以上分析得知相似度矩阵的信息关系着属性客观权重系数的赋值，可用基于相似度离差信息的方法来计算客观权重[10-11]，其计算表达式为

$$w_j^{(2)} = \frac{\sum_{i=1}^{n} \sum_{k=i+1}^{n} (s_{ij} - s_{kj})^2}{\sqrt{\sum_{j=1}^{m} \left[\sum_{i=1}^{n} \sum_{k=i+1}^{n} (s_{ij} - s_{kj})^2\right]^2}} \tag{8-6}$$

其中：$\sum\limits_{i=1}^{n}\sum\limits_{k=i+1}^{n}(s_{ij}-s_{kj})^{2}$ 表示各实例第 j 个属性的相似度离差平方和。

本书采用乘法合成计算组合权重：

$$w_{i}=\frac{w_{i}^{(1)}w_{i}^{(2)}}{\sum\limits_{j=1}^{m}w_{j}^{(1)}w_{j}^{(2)}}\quad i=1,2,3,\cdots,m \tag{8-7}$$

组合权重同时考虑了属性自身的特点以及属性所含信息对实例检索结果的影响力。由此可见，组合权重更有利于计算实例的全局相似度，提高了实例相似度检索系统的性能，从而保证了实例检索结果的精确性和可靠性。

8.3 典型应用案例

减速器作为一种传动装置在现代机械中应用广泛，由于其零部件种类多、结构复杂，传统的设计方法在减速器的相似性设计上会消耗大量的人力、物力。基于以上特点，将实例推理和参数化技术引入到减速器变型设计中，提出了一种基于实例推理的参数化变型设计方法，并开发了一套减速器三维设计系统。建立减速器及其零部件的参数化模型库与数据库，采用最近相邻算法检索减速器实例，并利用基于布局草图的参数化设计思想对三维模型进行变型设计，极大地提高了产品的设计效率，缩短了研发周期，有助于实现减速器的快速智能设计。

8.3.1 减速器实例库的建立

实例库包括模型库和数据库，是进行实例检索及变型设计的基础。本例将减速器分为圆柱齿轮减速器、圆锥齿轮减速器、蜗杆减速器、行星减速器以及其他减速器五种类型，每种类型的减速器又根据其传动级数分为单级、二级、三级减速器。数据库起到参数传递和存储作用，分为检索参数数据库和设计参数数据库，保存到Access数据库中。检索参数数据库用以储存减速器以及各零部件的关键参数，如减速器的属性参数，包括传动布置形式、传动比、中心距、传递功率、输入转速等特征参数。设计参数数据库存储减速器的设计计算结果，用以驱动减速器三维模型实现变型设计。模型根据其分类放在所属文件夹中，模型实例采用基于特征造型和参数化设计的三维建模技术。

(1) 绘制草图时每个草图元素都必须用尺寸和几何关系完全约束，采用中心对称拉伸来生成零件初始模型，再进行特征建模。

(2) 建立各零件的三维模型后，采用基于布局草图的装配建模。理清减速器总体布局与子装配体、零部件间的关系，完成布局草图。利用基准轴、基准面和布局草图中的点、线、面等几何要素，使零部件与布局草图完全定位。

(3) 根据各参数之间的关系，添加草图与零部件的方程关系式，最终形成减速器的三维几何模型,作为实例模型保存在特定文件夹中。

8.3.2　实例检索

实例检索策略主要包括最近相邻策略和归纳推理策略,本例采用两种策略组合检索方法。首先,按照归纳推理策略,可根据用户需求分类检索,提高实例检索速度。再根据最近相邻策略,采用基于相似度的检索算法,在同类型减速器实例库中检索。以圆柱齿轮减速器为例,选择用户所需减速器参数,即检索参数数据库中存储的减速器的关键参数,可修改检索临界值,进行检索。当系统开始检索时,采用最近相邻策略,计算设计产品 t 与实例 e 之间 n 个参数的综合相似度。

$$\text{Similarity}(t,e) = \sum_{i=1}^{n} f(t_i, e_i) \times \omega_i \tag{8-8}$$

式(8-8)中,ω_i 为参数的权重;f 为相似度函数;t_i 为设计产品第 i 个参数;e_i 为实例 e 的第 i 个参数。其中,当参数为选择参数,如安装形式、布置形式、传动级数时,相似度函数为

$$f(t_i, e_i) = \begin{cases} 0, & S_{t_i} \neq S_{e_i} \\ 1, & S_{t_i} = S_{e_i} \end{cases} \tag{8-9}$$

当参数为数值参数,如传动比、中心距、传递功率时,相似度函数为

$$f(t_i, e_i) = 1 - \text{dist}(S_{t_i} - S_{e_i}) = 1 - |S_{t_i} - S_{e_i}| / |S_{M_i} - S_{m_i}| \tag{8-10}$$

式(8-10)中,S_{t_i} 为设计产品的第 i 个参数值;S_{e_i} 为实例的第 i 个参数值;S_{M_i} 为第 i 个参数值的最大值;S_{m_i} 为第 i 个参数值的最小值。

计算完设计产品与实例的相似度之后,提取相似度大于临界值的实例作为相似实例,再选择相似度最高的实例作为实例模板进行变型设计。

8.3.3　参数化变型设计

关于参数化变型设计具体过程,可以参考本书第 5 章。

8.3.4　实例更新

对齿轮、传动轴等关键零部件的强度校核与装配体的干涉检验成功后,系统会将减速器的相关参数根据其序列号分别存入检索参数数据库和设计参数数据库,而模型将存入其所属类型文件夹中,作为新的实例扩充实例库。

基于实例推理的智能模具结构设计软件展示视频

参考文献

[1]　阎馨,付华.基于案例推理和数据融合的煤与瓦斯突出预测[J].东南大学学报(自然科学版),2011,41:59-63.

［2］ 赵燕伟,苏楠,张峰,等.基于可拓实例推理的产品族配置设计方法［J］.机械工程学报,2010,46(15)：146-154.

［3］ ISSA,G,SHEN,et al. Using analogical reasoning for mechanism design［J］. IEEE Expert. 1994(7)：60-64.

［4］ 王海军,殷国富,唐明星.基于实例推理的磁材压机模块化设计研究［J］.制造业与自动化,2014,36(4)：138-141.

［5］ CHEN S M,YEH M S,HSIAO P Y. A comparison of similarity measures of fuzzy values ［J］. Fuzzy Sets and Systems,1995,72(1)：79-89.

［6］ LIAO T W,ZHANG Z M,MOUNT C R. Similarity measures for retrieval in case-based reasoning systems［J］. Applied Artificial Intelligence,1998,12(4),267-288.

［7］ LIAO T W,ZHANG Z M,MOUNT C R. A case-based reasoning system for identifying failure mechanisms ［J］. Engineering Applications of Artificial Intelligence,2000,13：199-213,2.

［8］ LI D. Fuzzy multiattribute decision-making models and methods with incomplete preference in formation［J］. Fuzzy Sets and Systems,1999,106(2)：113-119.

［9］ 柳玉,贾可荣.基于属性重要度的案例特征权重确定方法［J］.计算机集成制造系统,2012,18(6)：1230-1235.

［10］ 欧彦江,殷国富,周长春.基于实例推理的组合夹具自动拼装技术［J］.计算机集成制造系统,2011,17(11)：2426-2431.

［11］ 蒋占四,陈立平,罗年猛.最近邻实例检索相似度分析［J］.计算机集成制造系统,2007,13(6)：1165-1168.

第9章

基于开放式架构的可重用设计

开放式架构是近年得到快速发展的一种产品架构,具有该类架构的产品能够集成第三方企业提供的功能模块以适应多样化个性化客户需求。基于开放式架构的可重用设计能够有效重用制造商与第三方企业设计制造的功能模块以及依附在模块上的设计知识,从而提高设计效率与质量。本章首先介绍了产品架构的定义与类型,然后基于开放式架构的可重用设计的主要特点,进一步提出了基于开放式架构的可重用设计过程、设计要点以及设计方法。接着以电动车为例,介绍了基于开放式架构的可重用设计方法及应用效果。

9.1 产品架构的内涵

9.1.1 产品架构的定义

产品架构往往用来描述产品的物理组成单元(如零部件或模块),包括各个物理单元的功能以及各单元之间的相互关系。关于产品架构最广为接受的定义是由Ulrich 教授在 1995 年给出的,即产品架构是从产品功能到物理部件的分配与对应方案。具体而言,产品架构包括以下三个方面的内容[1]:

(1)功能元素的布置;

(2)从功能元素到物理部件的映射关系;

(3)相互作用的物理部件之间的接口规范。

由于不同的产品架构往往导致不同的产品特征,因此选择合适的架构在产品设计中起着至关重要的作用。一般而言,产品架构潜在的影响包括:零部件的标准化,产品综合性能,产品多样性,可制造性与生产成本,产品开发管理,设计知识的可重用性,产品的可适应性,等等。例如,当功能元件发生改变时,根据产品架构定义的功能元件与物理部件之间的关系,可以识别并改变相关的物理部件,以适应新的客户需求。还可以根据产品的功能将物理部件分组,通过不同组物理部件的组合,在实现不同客户所需不同设计功能的同时,有效重用已有的物理部件以及生产这些物理部件的设备与工艺。

9.1.2 不同类型架构

根据功能元素到物理部件的映射关系,可以将产品架构分为:集成化架构和模块化架构。另外,根据功能元素与物理部件是否在设计中得到完整定义,也可以将产品架构分为:封闭式架构和开放式架构[2-3]。

对于集成化产品架构,功能元素与物理部件之间具有相对复杂的、非一对一的映射关系,并且各物理部件之间是耦合连接。而对于模块化架构,其功能元素与物理部件之间具有一对一的映射关系,并且各物理部件之间是去耦合连接。如台式电脑由主机、显示屏、键盘等不同的模块组成,各模块之间由标准化接口连接。

开放式架构是一种特殊的模块化架构,主要由平台、附加模块与开放式接口组成。其中,平台与部分附加模块是由原始设备制造商设计与提供的。为满足不同的功能需求,附加模块也开放给第三方供应商设计与加工。所有附加模块均可通过开放式接口与平台连接。开放式接口的参数、特征等信息能够通过公开途径获取。挖掘机是一种具有开放式架构的产品,不同企业设计制造的各类附加模块,如铲斗、锤子等可通过开放式接口与平台连接,实现不同的功能。相对的,在封闭式架构中,所有零部件或者模块均是在设计之初确定好的,不允许第三方设计提供的模块接入。不同类型的产品架构如表 9-1 所示。

表 9-1　不同类型的产品架构[4]

产品架构	特　征
集成化架构	功能元素与物理部件之间具有相对复杂的、非一对一的映射关系,各物理部件之间是耦合连接
模块化架构	功能元素与物理部件之间具有一对一的映射关系,各物理部件之间是去耦合连接
开放式架构	开放式架构是一种特殊的模块化架构,主要由平台、附加模块和开放式接口组成。开放式接口的参数和特征等信息是公开的,具有不同功能的附加模块可以由原始设备制造商设计提供,也可以由第三方供应商设计提供
封闭式架构	仅能连接产品设计过程中确定好的,由特定供应商提供的功能模块

9.2　基于开放式架构的可重用设计主要特点

9.2.1 开放式架构主要特征

如 9.1.2 节描述,开放式架构与其他类型产品架构相比较,具有如下的主要特征[4-5]:

(1) 物理部件主要由三类元素组成:公有平台模块、附加模块以及连接平台和附加模块的开放式接口。

（2）开放式接口的参数、技术规范和特征约束是公开的、能够被公众获取的。

（3）通过定义附加模块和平台模块之间的交互关系，平台模块和附加模块可以通过开放式接口实现物理连接与功能交互。

（4）附加模块可以是产品开发阶段设计制造的特定模块，也可以是在产品使用阶段根据需要重新定义与设计的未知模块。

（5）附加模块可以由原始设备制造商提供，也可以由第三方供应商提供[2]。

研究表明，开放式接口是开放式架构产品的核心构件。相比于传统接口，开放式接口具有开放性、适应性和标准化，不仅支持产品和技术的开放式创新，同时还支持开放的商业模式，能满足客户的个性化需求。封闭式接口（传统接口）与开放式接口对比如表 9-2 所示。

表 9-2　封闭式接口与开放式接口对比[4-5]

项　　目	封闭式接口（传统接口）	开放式接口
定义	用于连接产品设计过程中已明确定义的模块的接口	用于连接各类未知的、可以由第三方企业设计提供的模块的接口
实例	汽车中用于连接发动机的接口；打印机中用于连接硒鼓的接口	挖掘机中用于连接前端执行装置的接口；电脑中用于连接不同功能模块的 USB 接口
特征	缺乏足够的适应性；不用特别考虑客户的拆/装难易程度；支持产品与技术的封闭式创新；不特别强调标准化程度；封闭式的商业模式；不太支持客户对产品的个性化需求	需要具有足够的适应性；需要便于客户的拆/装；支持产品与技术潜在的开放式创新；需要较高的标准化程度；支持开放式的商业模式；支持客户对产品的个性化需求；支持产品多样化
影响	支持产品与技术的封闭式创新；封闭式的商业模式；产品缺乏个性化	潜在的支持产品与技术的开放式创新；支持开放式的商业模式；产品具有个性化
优点	易于预测并优化不同模块对产品性能的影响；易于控制产品质量和可靠性	更好的支持产品的多样化和灵活性；更好的产品适应性、可持续性、可升级性、可维护性和可扩展性
缺点	不利于产品的多样化和灵活性；不利于提升产品的适应性、可持续性、可升级性、可维护性和可扩展性	难以预测的个性化功能模块对产品全寿命周期性能的影响；难以控制产品质量和可靠性

9.2.2　开放式架构与可适应设计、可重用设计之间的关系

可适应设计是以赋予设计或产品对不同需求与需求变化可适应能力为主要目标的一种设计范式[6-7]。产品可适应能力主要指通过产品物理部件或结构拓扑关

系的调整以适应不同需求的能力。设计可适应能力主要指在已有设计基础上通过局部调整以满足不同设计需求的能力。对于具有可适应能力的产品或设计,如图 9-1 所示,可以分别通过产品与设计的适应性调整以满足新的需求。由于能够在已有设计与产品基础上经过适应性调整满足新的需求,通过可适应设计能够有效实现产品或设计的重用。

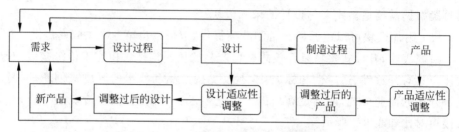

图 9-1　产品与设计的适应性调整[7]

为有效赋予产品或设计对不同需求以及需求变化的可适应能力,需要对产品功能结构、架构、模块接口等进行合理设计。如图 9-2 所示,可适应设计包括合理的功能结构分解、可适应产品架构设计、可适应接口设计,以及可适应能力的量化评价四个部分[6-7]。

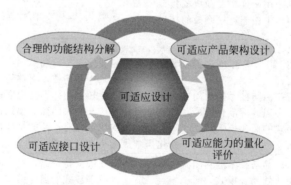

图 9-2　可适应设计主要构成[6]

一般而言,开放式架构是一种可适应产品架构。开放式架构的规划与设计是实现可适应设计的一项主要内容。在可适应设计中,可以通过开放式架构设计实现对不同附加功能模块及其设计方案的更改,满足不同的功能需求。与此同时,开放式架构也可以用来支持可重用设计。一方面,在开放式架构中,不同的平台模块及其开放式接口,以及附着在平台模块和开放式接口上的设计知识和制造工艺等,均可以得到有效重用。另一方面,来自第三方企业的功能模块以及附着在功能模块上的设计知识和制造工艺等,也可以通过与平台模块集成而得到有效利用。

基于开放式架构的可重用设计主要特点包括:强调对平台模块及其设计知识的重用;对第三方企业资源的重用;支持开放式集成化创新;支持开放式商业模式。

9.3　基于开放式架构的可重用设计过程与设计要点

基于开放式架构的可重用设计应遵循三个基本原则:可适应性、可重用性、开放性。可适应性原则主要指对多样化、个性化功能需求的可适应性;可重用性指平台模块以及部分定制模块的可重用性;开放性指接口对第三方企业提供模块的开放性。为贯彻以上三个原则,基于开放式架构的可重用设计过程主要包括以下几个步骤:

(1) 设计需求分析:对多样化、个性化需求进行分析,确定需求类型,如共性需求、个性需求、不变需求、可变需求等。完成各类需求到功能的映射。

(2) 功能分解与架构规划:将产品功能逐一级次地分解成各级子功能,直至某一级的子功能不可再分为止。在功能分解过程中,逐步地完成功能-结构的映射关系,并初步规划不同类型模块。

(3) 开放式接口设计:根据需求、功能、结构之间的关系,在考虑不同类型需求的基础上,完成开放式接口数量与位置的规划。

(4) 细节设计:对不同类型模块以及开放式接口进行结构配置和参数设计。

(5) 设计评价:考虑稳健性、适应性、生命周期的其他需求目标,对开放式架构设计进行评价。

在具体设计过程中,上述过程往往需要经过多轮的迭代。并且,需要在架构规划、接口设计过程中,充分考虑平台与附加模块的重用性。

9.4　基于开放式架构的可重用设计方法

基于开放式架构的可重用设计方法,包括面向重用的开放式架构的设计建模方法、评价方法和方案优选方法。首先,针对基于开放式架构的可重用设计建立模型,然后介绍如何对所提出的设计方案进行评价,并且根据方案优选方法得出最优设计方案。

9.4.1　开放式架构的设计建模方法

开放式架构产品由平台、特定附加模块、未知附加模块以及开放式接口组成。如图 9-3 所示的开放式架构产品,平台(M^P)有 l 个接口,对于第 i 个($i = 1, 2, \cdots,$ l)接口,可以连接 m_i 个特定附加模块 $M_{i1}^S, \cdots, M_{im_i}^S$ 和未知附加模块 M_i^U。

平台和附加模块之间的功能交互由开放式接口的输入和输出参数定义。图 9-4 显示了平台和附加模块之间通过接口进行的交互。附加模块接口的输入参数值由平台接口的相应输出参数值确定,而平台接口的输入参数值由附加模块接口的相

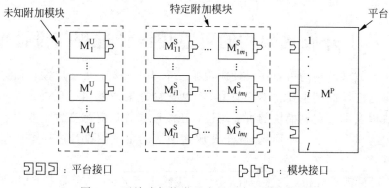

图 9-3　开放式架构产品中的平台和附加模块

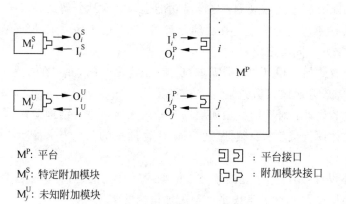

M^P: 平台

M_i^S: 特定附加模块

M_j^U: 未知附加模块

I_i^P, O_i^P: 平台第 i 个接口的输入和输出参数

I_j^P, O_j^P: 平台第 j 个接口的输入和输出参数

I_i^S, O_i^S: 特定附加模块 M_i^S 的输入和输出参数

I_j^U, O_j^U: 未知附加模块 M_j^U 的输入和输出参数

图 9-4　平台与附加模块之间的交互

应输出参数值确定[3]。

　　在参数层面,如图 9-5 所示,开放式架构产品可以包含设计参数和非设计参数。设计参数是指在设计阶段需要确定其数值的参数。设计参数进一步可分为非适应型设计参数和可适应型设计参数。非适应型设计参数是指在产品运行阶段其数值不会发生改变的设计参数;可适应型设计参数是指当需求发生变化时,其值在产品运行阶段可以调整的参数。例如,办公椅的高度是一个可调整的设计参数,可以根据不同的人进行调整[3]。

　　非设计参数是指在设计过程中不需要设计或优化的参数,其值在设计前就已经给定,如工作条件参数等。非设计参数分为两类:固定型非设计参数和可变型非设计参数。固定型非设计参数是指在产品运行阶段其值保持不变的非设计参

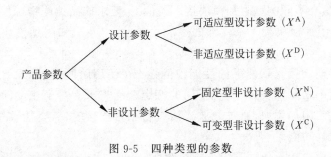

图 9-5　四种类型的参数

数,如办公椅材料的机械特性;可变型非设计参数是指在产品运行阶段,其数值会发生改变的非设计参数,如办公椅承载的重量。

对于开放式架构产品,开放式接口的输入/输出参数值是根据平台和附加模块的性能需求、设计参数、非设计参数来计算的。当性能需求或者连接的附加模块发生变化时,可适应型设计参数能够根据需要进行调整,以满足新的功能或模块交互需求[4]。

9.4.2　开放式架构设计评价方法

基于开放式架构的可重用设计需要考虑产品性能的稳健性和接口对不同附加模块的适应性等。

1. 接口适应性评价

由于不同的附加模块通过接口与产品平台进行交互,因此增强开放式接口适应性以促进平台与附加模块之间的交互是开放式架构产品开发的关键。若一个开放式接口具有良好的适应性,则可以方便地连接和断开不同的附加模块,以满足不同要求。如图 9-6 所示,开放式接口的适应性包括功能适应性、结构适应性、制造适应性和操作适应性[4]。

从功能角度看,具有高适应性的开放式接口,可以方便扩展附加模块与平台的功能交互,满足不同的功能需求;从结构角度看,具有高适应性的开放式接口,能够兼容不同的接口标准,使平台与不同的附加模块连接;从制造角度看,开放式接口应考虑第三方供应商的制造能力;从操作角度看,开放式接口需求简化平台与附加模块之间的连接和断开,便于用户的组装与拆卸[5]。

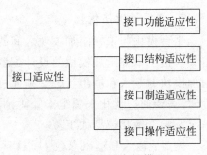

图 9-6　接口适应性模型

2. 性能稳健性评价

稳健性主要用来评估性能指标对各类不确定因素的非敏感性程度。对开放式结构设计而言,在不同类型附加模块接入条件下,要求产品性能指标保持稳健。具体包括:特定附加模块接入条件下的性能稳健性,以及未知附加模块接入条件下的性能稳健性。

特定附加模块接入条件下的性能稳健性:在使用阶段,开放式架构产品可以连接不同特定的功能模块,以实现不同的特定功能需求。对于在设计开发阶段就已经确定的特定附加模块,通过开放式接口与平台连接时,需要能够快速、平稳地实现预期的设计功能。

未知附加模块接入条件下的性能稳健性:因为未知附加模块在设计开发阶段其配置与参数还未确定,其接口输入和输出参数的变化会影响产品性能指标;同时,配置的不确定也会对产品性能产生影响。在这种情况下,需要考虑未知附加模块接口输入和输出参数的变化,计算出最坏(极端)情况下的性能稳健性[4]。

9.4.3　开放式架构设计方案优选方法

在设计研发阶段,往往会产生多种不同设计方案,针对这些设计方案,需要进行优化以搜寻其中最佳的设计方案。在这里主要考虑参数优化以及最坏情况法优化。

1. 设计参数优化

对于开放式结构产品设计而言,主要考虑对非适应型设计参数的优化,寻找最佳的非适应型设计参数数值,以获得最佳的产品稳健性。优化模型如下:

搜寻:非适应型设计参数 $\boldsymbol{X}^{\mathrm{D}}$

最大化:$R(\boldsymbol{X}^{\mathrm{D}})$

条件:$\boldsymbol{X}_{\mathrm{L}}^{\mathrm{D}} \leqslant \boldsymbol{X}^{\mathrm{D}} \leqslant \boldsymbol{X}_{\mathrm{U}}^{\mathrm{D}}$

其中 $\boldsymbol{X}_{\mathrm{L}}^{\mathrm{D}}$ 和 $\boldsymbol{X}_{\mathrm{U}}^{\mathrm{D}}$ 分别表示 $\boldsymbol{X}^{\mathrm{D}}$ 的下边界和上边界,$R(\boldsymbol{X}^{\mathrm{D}})$ 代表设计方案的性能稳健性[4]。

2. 最坏情况法优化

平台模块与未知附加模块之间的功能交互由未知附加模块的输入和输出参数定义。由于未知附加模块的设计配置和参数在产品开发阶段是未定的,因此,未知附加模块的输入和输出参数必须通过约束来定义。当用最坏情况法评估产品稳健性时,需要通过优化来确定未知附加模块的输入和输出参数对产品稳健性的最坏情况影响。优化模型如下:

搜寻:输入和输出参数 $\boldsymbol{I}^{\mathrm{U}}, \boldsymbol{O}^{\mathrm{U}}$

最小化:$R(\boldsymbol{X}^{\mathrm{D}}) = R(\boldsymbol{X}^{\mathrm{D}}, \boldsymbol{I}^{\mathrm{U}}, \boldsymbol{O}^{\mathrm{U}})$

条件:$\boldsymbol{I}_{\mathrm{L}}^{\mathrm{U}} \leqslant \boldsymbol{I}^{\mathrm{U}} \leqslant \boldsymbol{I}_{\mathrm{U}}^{\mathrm{U}}$；$\boldsymbol{O}_{\mathrm{L}}^{\mathrm{U}} \leqslant \boldsymbol{O}^{\mathrm{U}} \leqslant \boldsymbol{O}_{\mathrm{U}}^{\mathrm{U}}$

其中,$\boldsymbol{I}_{\mathrm{L}}^{\mathrm{U}}$、$\boldsymbol{I}_{\mathrm{U}}^{\mathrm{U}}$、$\boldsymbol{O}_{\mathrm{L}}^{\mathrm{U}}$ 和 $\boldsymbol{O}_{\mathrm{U}}^{\mathrm{U}}$ 分别是未知附加模块输入参数 $\boldsymbol{I}^{\mathrm{U}}$ 和输出参数 $\boldsymbol{O}^{\mathrm{U}}$ 的下边界和上边界。$R(\boldsymbol{X}^{\mathrm{D}}, \boldsymbol{I}^{\mathrm{U}}, \boldsymbol{O}^{\mathrm{U}})$ 是设计方案中,当非适应型设计参数数值为

X^{D},未知附加模块的接口输入和输出参数为 I^{U} 和 O^{U} 时的性能稳健性[6]。

9.5　应用案例

随着电动车行业的发展,人们已经不再满足于由生产厂商提供的具有固定的、有限功能的电动车,转而提出各种各样的个性化需求。如何重用制造商已有的资源,并有效集成第三方企业的资源,快速设计制造满足客户个性化需求的电动车,已成为提升制造竞争力的一项重要热点问题。动力电池包作为电动车的核心部件,对电动车的诸多关键性能产生直接影响,如行驶距离、价格、寿命、安全和充电时间等。为满足电动车市场多样化、个性化需求,并使得制造商已有资源以及第三方企业资源得到有效重用,可以对电动车进行基于开放架构的可重用设计。

先从知识库中检索,找出满足设计要求的设计知识,对电池包进行初始设计。如图 9-7 所示为电池包开放式接口的初始设计方案,其主要包括滑轨、可移动吊耳、滑块以及若干大小不一的内六角螺钉。接口的具体实现方式为:①滑轨与电池包固定连接为整体。②可移动吊耳通过滑轨调节可安装位置。③待可移动吊耳确定位置后,通过小螺钉连接滑块和可移动吊耳,实现吊耳在滑轨上的固定。④最后通过大螺钉实现与车身的连接。此种方案可以使电动车连接不同规格的电池包。

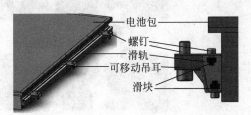

图 9-7　开放式接口初始设计方案

如图 9-8 所示为电池箱托盘的初始设计方案,托盘在电池包模块中承载电池组件及其附属零部件,同时与车辆底盘连接,起固定电池包的作用。在托盘四角设计突出平台,用以承受电池包重量,并用于连接和分离不同的电池模块。托盘四角有 U 形槽,通过螺栓连接夹紧块[5]。

对托盘底部初始设计进行仿真实验,在螺栓孔中添加圆柱固定约束模拟螺纹固定,并在整个面上添加分布载荷进行仿真,施加载荷。进一步采用 ANSYS 软件中的拓扑优化插件进行有限元的仿真优化。优化后,重建模型如图 9-9、图 9-10 所示。改进后的托盘底部增加了肋条,可以增强托盘整体的强度与刚度,保证托盘的性能稳健性与设计质量[5]。

通过分析可以发现,最终方案更具有可适应性,可以连接规格不等的电池包,同时结构稳健性得到保障,也更能满足客户的多样化、个性化需求。

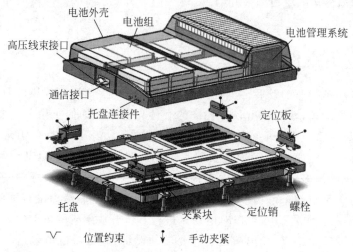

图 9-8　开放式接口设计方案

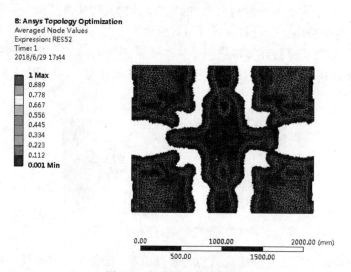

图 9-9　托盘拓扑优化结果

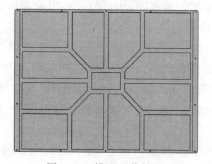

图 9-10　模型重构结果

对开放式架构电动车而言,电池包的来源不仅可以由原始设备生产商提供,也可以由第三方企业设计开发,如图 9-11 所示。不仅使得电动车平台得到有效重用,而且能够有效集成第三方企业资源,实现不同电池包及其设计的重用,有效支撑电动车的开放式集成创新以及车电分离模式的实施[5]。

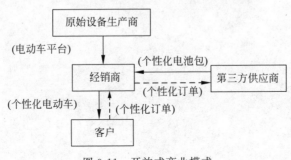

图 9-11　开放式商业模式

参考文献

［1］ ULRICH K. The role of product architecture in the manufacturing firm［J］. Research policy,1995,24(3):419-440.

［2］ KOREN Y,HU S J,GU P,et al. Open-architecture products［J］. CIRP Annals-Manufacturing Technology,2013,62:719-729.

［3］ ZHANG J,XUE D,GU P. Adaptable design of open architecture products with robust performance［J］. Journal of Engineering Design,2015,26(1/2/3):1-23.

［4］ ZHANG J,XUE G,DU H L,et al. Enhancing interface adaptability of open architecture products［J］. Research in Engineering Design,2017,28(4):545-560.

［5］ ZHANG J,GU P,PENG Q,et al. Open interface design for product personalization［J］. CIRP Annals-Manufacturing Technology,2017,66(1):173-176.

［6］ GU P,HASHEMINA M,NEE AYC. Adaptable design［J］. CIRP Annals-Manufacturing Technology,2004,53(2):539-557.

［7］ GU P,XUE D,NEE AYC. Adaptable design:concepts,methods,and application［J］. Proceedings of the Institution of Mechanical Engineers,Part B:Journal of Engineering Manufacture,2009,223(11):1367-1387.

第 9 章部分
知识拓展